蛋糕結構
研究室

CAKE STRUCTURE LAB

徹底解析五大關鍵材料
掌握柔軟 ╳ 紮實 ╳ 濕潤 ╳ 蓬鬆終極配方比

作者序 /

**《蛋糕結構研究室》不僅是一本蛋糕食譜書，
也是一本蛋糕製作的工具書。**

蛋糕配方的 know-how

蛋糕實驗室利用蛋、糖、油、液態及麵粉這五種基礎原料不同的添加比例，
透過實驗對照分析，可以了解到各原料對蛋糕品質的影響，及如何活用原料
的特性來進行配方結構調整。另外，書中五大基礎配方結構的篇章中，除了
建立出麵糊類蛋糕、海綿類蛋糕及戚風類蛋糕的基礎配方結構外，更增加了
無油海綿及無油戚風這兩類蛋糕的基礎配方解構，並說明蛋、糖、油、液態
及麵粉這五種原物料建議的用量範圍，希望讀者可以快速了解各類蛋糕的基
礎配方結構，並活用原物料的特性，制定出自己的蛋糕配方。

十人十色的蛋糕

蛋糕的攪拌及烤焙過程會嚴重影響蛋糕的成敗，即使在相同配方及製作的條
件下，透過不同人的製作，很容易製作出不同的蛋糕品質，所以必須在反覆
的製作經驗下，才能穩定攪拌及烤焙的品質。

麵糊的攪拌方式及攪拌過程所需注意
的關鍵重點，都會在各食譜中
標示出來，所以在製作蛋糕
之前，建議先了解食譜
的製作過程及重點提
示，另外蛋糕的烤
焙也非常容易影
響蛋糕的成敗，
過與不及都會
導致失敗，

且無法像餅乾能再回烤補救，所以還是需要多次試做才能抓出適合自己烤箱的設定值，若是有烤焙的疑問，可以參閱關於烤箱中的內容，可能能夠得到幫助。

輕鬆做蛋糕

書中食譜的排列順序，有系統的從蛋少，油、糖、粉多的紮實磅蛋糕配方開始，經過海綿類蛋糕配方，再到蛋多，油、糖、粉少的鬆軟戚風蛋糕配方，在相同類別的蛋糕中，也會透過配方比例的調整來製作出差異性的蛋糕，如將麵糊類蛋糕的蛋比例持續往上增加，而將戚風類蛋糕的蛋比例往下減少，就能製作出不同的蛋糕口感。另外在食譜中也加入乳酪蛋糕系列，運用乳酪的比例差異，可從乳酪戚風變化到重乳酪的各式乳酪蛋糕。若對蛋糕配方結構有興趣，則可研究食譜配方比例的變化走向，若只想單純的做甜點，此次食譜中大部分所使用的原料都相當容易購買，只要按照書中食譜，搭配簡易道具及家庭用的烤箱，便能輕鬆地製作出販售等級的蛋糕甜點。

一直以來都以科學的方式製作烘焙，除了成品的製作外，對於烘焙理論、原物料的特性及運用、配方比例的統計分析及實作紀錄更有興趣，所以從《餅乾研究室 I 及 II》到這本《蛋糕結構研究室》，除了分享食譜外，也將自身對於烘焙理論的理解以文字表現出來，或許文字內容有些冗長無趣，不必逐字閱讀，但若在製作過程中有無法解決的問題，不妨翻閱一下書中文字內容，或許能有所突破。

非常開心又完成一本心目中理想的蛋糕書，作者必然應當辛苦，但對於默默參與本書的每一個工作人員，我真心地謝謝你們，希望藉由我們的努力，能為蛋糕食譜書寫下美好的一頁。

Contents

配方結構概念剖析   *Concept.*

配方結構概念剖析 ——————————————— Concept.

進入蛋糕產品實作前，要對烤箱與烤焙方式有正確認知。蛋糕的配方概念集中於本章剖析，第一次閱讀也許會有些吃力，那就跳到實作篇章先用美味的甜點療癒自己吧！

透過實作與技術的熟練度上升，再複習本章的詳細實驗研究分享，一步步吸收這些知識，讓你的蛋糕烘焙之路更上一層！

烤箱與烤焙方式的影響

烤焙條件影響蛋糕成敗

製作蛋糕的過程，麵糊攪拌的品質好壞會影響蛋糕製作的成敗，但即使麵糊攪拌的品質再完美，沒有配合適當的烤焙條件，烤焙出的蛋糕還是會失敗。

蛋糕麵糊從攪拌完成、入爐到出爐，所設定的溫度與搭配的烤焙時間需要較精準掌握，若沒有掌握好，可能會造成蛋糕的烤焙上色度過深或過淺、劇烈收縮、蛋糕膨脹度低、香氣不足、蛋糕與模具分離，甚至麵糊沒熟或蛋糕組織過黏……等等失敗結果，一但出爐冷卻後，蛋糕是無法像餅乾一樣，可以再入爐烤焙補救的。

不同的烤箱規格、烤箱內部擺放層架的高低、有無使用旋風功能、是搭配鐵盤或是網架入爐烤焙、烤模的大小搭配麵糊的重量……，種種因素都會影響蛋糕的烤焙品質，即使與食譜設定相同的烤溫與烤焙時間，但只要上述的其中一個條件改變，烤焙品質也會跟著改變。

因為了解烤焙對蛋糕的重要性，所以本書選擇以一般家庭較常見的 32 公升烤箱示範為主，希望讀者用最簡易的烤箱也能製作出各式蛋糕。

在食譜中會清楚載明烤箱規格、烤箱內部擺放層架的高低、有無使用旋風功能、搭配鐵盤或是網架入爐烤焙、烤模的大小搭配麵糊的重量，希望可以降低變數，提高讀者製作的成功率，書中也有少數品項使用 42 公升的半盤烤箱，只要了解烤箱特性，適時調整烤溫與烤焙時間，一樣能烤製出相同品質之蛋糕。

上火 170℃ | 下火 190℃

中層 | 網架 | 不旋風

約烤 43 mins

模具尺寸 >>	麵糊重量 >>
L 10 ＊ W 5 ＊ H 4 cm 鋪入烤焙紙模備用	100 g

* | 當標註為 | 帶鐵盤預熱 | 意指烤箱的層架鐵盤，非指蛋糕烤模，讀者切勿混淆。

[本書使用烤箱之性能比較]

設施功能 / 烤箱大小	32 公升旋風式烤箱	42 公升半盤烤箱
上火加熱管支數	2 支	4 支
下火加熱管支數	2 支	2 支
烤焙最高設定溫度	230℃	250℃
烤箱內部層架數	3 ～ 4 層 （依不同廠牌不定）	2 層＋最底部 1 層 （依不同廠牌不定）
旋風模式	有	無
烤焙火力	較弱	較強

a. 烤箱規格不同之影響

· 烤箱變大→調降烤溫或縮短烤焙時間
· 烤箱變小→調增烤溫與加長烤焙時間

以相同的溫度烤焙蛋糕，32 公升烤箱火力較弱，42 公升的烤箱火力較強，所以使用 32 公升烤箱設定的溫度與時間，若要更改為 42 公升烤箱烤焙，建議調降烤溫或縮短烤焙時間。

以書中食譜鹽之花磅蛋糕所設定之烤溫與時間為例，同樣每條麵糊重量 390g，若改以 42 公升烤箱烤焙，蛋糕表面上色度明顯變深，蛋糕體也會較乾；反之，若是以 42 公升所設定的烤溫與時間要更換為 32 公升烤箱烤焙，則要調增火力與烤焙時間。

32 公升烤箱若連續烘焙
爐溫差距太大，易有誤差

32 公升烤箱不建議連續變換烤溫、烤焙不同品項之蛋糕，若調整的溫度差距較小，影響可能不大，但若調幅的溫度較大，且後段設定的上、下火溫差過大，內部烤箱的加熱模式，可能會與從冷卻開始預熱烤箱的加熱模式不同。

例如：原本以上火 210℃／下火 190℃ 烤製蛋糕完成，接著將溫度調至上火 190℃／下火 190℃ 繼續烤焙蛋糕，像這樣溫度調幅較小，對蛋糕的品質不太會有影響。

但若溫度由上火 210℃／下火 190℃，調至上火 180℃／下火 100℃，烤焙書中的古早味起司蛋糕，除了溫度調整幅度較大之外，後段的上、下火溫度差也很大，如此照書中食譜設定烤焙 70 分鐘，蛋糕上色度會過深，並且有可能會烤不熟，建議要將烤箱冷卻後，再開始預熱烤焙。

b. 烤箱內部層架高低之影響

烤箱依照不同廠牌，內部設計的層架數會有所不同，本書中所使用的 32 公升烤箱，內部有 4 種不同高度擺放的層架，在書中將其分為：上層、中層、中下層及最下層 4 種高度，食譜中會清楚載明放置的高度位置，與建議的烤焙溫度。

層架高度影響受熱度

若以烤箱溫度上火 200℃／下火 200℃，原本放置烤箱最下層，但將其往上移一層至中下層，雖然烤箱上、下火溫度依然相同，但因位置高度改變，上部的受熱增加，製品表面的上色速度會加快，相對下火的受熱就會減少；所以即使烤焙規格相同之製品，但因為放置的高度不同，烤箱溫度需要做微幅的調整。

書中雖然有建議擺放的高度位置與烤焙溫度，但因市面上各式品牌的烤箱各有不同的內部結構設計，所以讀者還是要參考書中的設定值，調整出最適合家中烤箱的烤焙條件。

製品表面不要離加熱管太近

在選擇烤焙位置高度時，盡量不要讓製品離加熱管太近，離加熱管越近，受熱的溫度會越不均勻，表面上色度就會有差異。

書中的中空戚風蛋糕因為模具較高，當麵糊烤焙膨脹後，會離上部加熱管太近，表面很容易黑，但因模具高度無法改變，此時即可使用旋風模式來改善上色度不均勻之問題。

c. 有無開啟旋風之影響

· 旋風模式→受熱火力弱，上色度較均勻
· 無旋風模式→受熱火力強，上色不均勻

若要使用烤箱的旋風功能，必須是在上火與下火之設定溫度接近一致時。

有時為了要抑制蛋糕的膨脹度，上、下火設定的溫度差別需較大，如烤焙輕乳酪蛋糕，下火的溫度設定較低，避免蛋糕在烤焙過程中過度膨脹、而使表面爆裂，若開

啟旋風模式，即使底火設定溫度較低，溫度還是會升高，所以在這樣的條件下，是不能使用旋風功能的。

食譜中若要開啟旋風功能會特別標注，無標注的情況下則無須使用。

在上下火溫度設定相同的情況下，開啟旋風模式受熱火力會較弱，但上色度會較均勻；反之若無開啟旋風，受熱火力會較強，但上色均勻度會較差。而在烤焙時間相較下，有開啟旋風功能的烤焙時間需較長。

在本書中，除了中空戚風系列的模具高度較高，若不開啟旋風模式，蛋糕的表面與頂部的加熱管距離太近，容易造成局部焦黑，除此之外，其他大部分食譜則不開旋風，都以直火烤焙。

d. 以鐵盤或網架烤焙之差別

・蛋糕隨著鐵盤入爐 → 底火火力會較弱
・蛋糕隨著網架入爐 → 底火火力會較強

32 公升烤箱都附有鐵盤與網架，若要製作蛋糕捲，則要自行添購適合 32 公升使用、有深度的烤盤。

本書食譜中會標示使用網架、鐵盤，或是使用鐵盤時，先將鐵盤放入烤箱一起預熱，待模型注入麵糊後再放進烤箱鐵盤上。

即使溫度設定相同，但條件不同，對製品的受熱程度仍會有很大的差別；麵糊注入模型與網架一同入爐，底火的受熱會比使用鐵盤強。

以書中的波士頓派舉例說明：
原設定以上火 210℃ ／下火 170℃，搭配鐵盤烤焙約 27 分鐘。

若以相同溫度，但將鐵盤置換為網架，底火受熱變強，波士頓派烤焙膨脹度會變大，冷卻後收縮會較劇烈，蛋糕表面的皺褶就會較明顯，嚴重影響蛋糕美觀度。所以若使用網架，下火可調降約至 150℃。

若以上火 210℃ ／下火 150℃，但搭配鐵盤入爐烤焙，底火受熱變弱，烤出之波士頓派倒扣冷卻後，蛋糕體會與模具分離剝落。因此，相同配方會因為烤焙條件的不同，製作結果也會有很大的差異。

e. 烤模大小與麵糊重量

・麵糊變厚→延長烤焙時間，必要時降烤溫
・麵糊變薄→縮短烤焙時間，必要時增烤溫

書中食譜都會標示「使用模具的規格」與「麵糊重量」，若使用的麵糊重量一樣，但使用模具的面積變小，麵糊的厚度就會變厚，若麵糊厚度增加幅度較大，以相同的溫度與時間，烤出的蛋糕體可能會偏濕。

反之若模具的面積變大，麵糊的厚度就會變薄，烤焙出的蛋糕體就會偏乾，若是配方水分較少，蛋糕口感較紮實，如磅蛋糕或重乳酪蛋糕，麵糊若變得較薄又沒有縮短烘烤時間，蛋糕體會明顯變乾。

使用的模具若與書中模具規格不同，則可判斷麵糊倒入模具後會變厚或變薄，以此來決定延長或縮短烤焙時間。

網架 - 烤盤 - 鐵盤

{ 蛋糕基本原料＝蛋＋糖＋粉＋油＋液態 }

組成蛋糕配方最基本的五項原料為蛋、糖、麵粉、油、液態，運用這五項基礎原料，依照不同的配方比例，以及製作方式之變化，就可做出最基本的三大類蛋糕：重奶油蛋糕（麵糊類蛋糕）、海綿蛋糕（乳沫類蛋糕）、戚風類蛋糕。

在乳沫類蛋糕中，又可分為兩種：有油海綿蛋糕、無油海綿蛋糕，戚風類蛋糕也可分成：有油戚風蛋糕、無油戚風蛋糕。

以下就以五大原料、不同比例，統整出三大類、五種蛋糕之基礎配方結構。

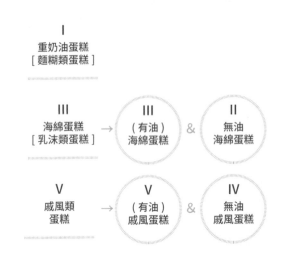

I
重奶油蛋糕
[麵糊類蛋糕]

III
海綿蛋糕 → III   （有油）   &   II
[乳沫類蛋糕]   海綿蛋糕   無油海綿蛋糕

V
戚風類 → V   （有油）   &   IV
蛋糕   戚風蛋糕   無油戚風蛋糕

[五種蛋糕基礎配方結構]

配方 / 原料	I 重奶油蛋糕	II 無油海綿	III 海綿蛋糕	IV 無油戚風蛋糕	V 戚風蛋糕
蛋	25％	50％	50％	蛋白 33％ 蛋黃 17％	蛋白 33％ 蛋黃 17％
糖	25％	25％	20％	25％	15％
麵粉	25％	25％	25％	25％	15％
油	25％	0％	5％	0％	10％
水	0％	0％	0％	0％	10％
總和	100％	100％	100％	100％	100％

｜重奶油蛋糕

包含磅蛋糕、瑪德蓮、費南雪、布朗尼、千層蛋糕⋯⋯等。

· 配方結構與調整

基本配方→由**蛋：糖：麵粉：天然奶油＝ 1：1：1：1** 所組成。

若以實際百分比來看，蛋、糖、麵粉及油這四種原物料都為 **25％**，由磅蛋糕之比例，可將「油、粉 25％」設定為五種基礎蛋糕配方之上限，而「蛋比例 25％」可設定為五種基礎蛋糕之下限，除了磅蛋糕的油、粉比例會微幅超過 25％，蛋比例也會微幅低於 25％ 之外，基本上，其他四種基礎蛋糕配方之油、粉、蛋的比例，都會符合在此原則之下。

高比例的油、糖、粉，及蛋比例較少之配方所製作出的磅蛋糕，具有濃郁奶油香氣、組織較為紮實、甜度較高、油膩感較重，若要調整製品品質，應該會傾向：**a.** 降低蛋糕甜度、**b.** 降低油膩度、**c.** 增加蛋糕體鬆軟度，依照這三項調整目標，進行配方調整。

a. 降低蛋糕甜度的方法

1 減少糖用量
由磅蛋糕實驗室（**P32**）結果來看，使用糖油拌合法製作，砂糖比例越高，蛋糕的體積也會越大，所以，若單方面的減少砂糖用量，蛋糕的蓬鬆度會變差、體積會變小、口感會變硬、保濕度變差、化口性變差。

除了砂糖量的提高會增加磅蛋糕的蓬鬆度外，增加全蛋液的比例，也能增加蛋糕的蓬鬆度。雖然增糖及增蛋都會增加蛋糕體積，但兩種原料卻有不同效果：增糖會增加蛋糕保濕度，但增蛋比例到一定程度，卻有可能讓蛋糕體變得更乾。

若天然奶油實際百分比在 **25％**，加入 **25％** 的蛋液後，是可以達到完全乳化之狀態，若要再增加蛋液用量，乳化力會下降，如果增加蛋液用量約至 **29％**，可以先將一半麵粉與油、糖進行打發，再加入蛋液，即可改善油水分離之狀況（如本書配方中糖油拌合法的磅蛋糕，蛋液約在 **27 ～ 28％**，都是將一半麵粉加入糖油一起打發）。

蛋液用量若增加至 **30％** 以上，若再利用糖油拌合法攪拌則容易造成油水分離，導致製品失敗，除非增蛋同時增油，就能提昇乳化力，但磅蛋糕油脂成分較重，不會為了要乳化更多的蛋而提高油脂用量，油脂用量太高或麵粉量比例不足，都會讓蛋糕表面出油。

所以，若要大幅提高蛋比例，則建議改變製作方式，利用全蛋打發方式，或奶油採用加熱方式加入麵糊中，如此能大幅度提高全蛋液用量，也不會因為蛋增加而使蛋糕的口感變乾（如本書中瑪德蓮及費南雪，與傳統配方不同，蛋液比例都超過 **30％**，並使用全蛋打發法製作）。

1 : 1 : 1 : 1

🥚 + 🧊 + 🌾FLOUR + 🧈 = | 重奶油蛋糕
25%   25%   25%   25%

BOX /

>> 減糖增蛋會有什麼影響？

雖然減糖增蛋能補足蛋糕體膨鬆度問題，但糖、蛋對於蛋糕的品質有不同影響。糖具有保濕功能，蛋糕經存放水分較不會散失，提高蛋液比例減糖，雖然蛋液能直接補充蛋糕體濕度，但蛋糕體抓水保濕的功能會變較差，存放過程容易變乾；且若使用糖油拌合法攪拌，微幅提高蛋液量對蛋糕的品質不會有太明顯差異，但蛋液超過一定量後，製作出之蛋糕體會越乾（建議改為全蛋打發法，就不會因蛋比例增加，造成蛋糕體越乾之問題）。

2 添加適量不需調整配方之原物料
這類材料加入後，可稀釋配方中的糖比例，若再微降配方中的糖量，則能有效降低蛋糕甜度。

杏仁粉－可直接加入重奶油蛋糕配方中，而不需要調整配方，且杏仁粉中也含有大量油脂，適量添加不會降低蛋糕的濕潤度，並可增加烤焙後之香氣。加入杏仁粉能稀釋配方中糖的比例，若再微幅減少糖的用量，就能明顯降低蛋糕糖度；但若杏仁粉添加比例太高，蛋糕體會有變乾的可能，則要減少麵粉的用量來對應。

天然巧克力－可以直接加入蛋糕配方，又能提升麵糊乳化力，但必須選用糖度較低的巧克力，能降低蛋糕甜度。少量的添加，可直接加入不需調整配方；但若添加的比例太高則會讓蛋糕體變乾，可以減少麵粉用量來對應。

地瓜泥－新鮮的地瓜經蒸或烤後過篩，可直接加入配方中，若添加比例約為總配方之 5％，則不需要進行配方調整（可參考 **P60** 地瓜磅蛋糕，地瓜泥添加比例約為總配方之 **7.5％**，直接加入配方即可）。市面上也有販售（白）豆沙餡，也可運用在蛋糕麵糊裡，但使用現成豆沙餡還是需要注意其中的糖度及油度。

堅果、果乾－這類原料是在麵糊攪拌完成後加入拌勻，所以並不影響配方平衡。若要降低糖度，可以選擇烤熟的堅果類、蔓越莓，或是像新鮮熟地瓜丁等低糖度的原料，能有效平衡蛋糕體的甜度。

b. 降低油膩度

1 改變攪拌方式
利用糖油拌合法製作重奶油蛋糕，若單方面減少油脂用量，蛋液量沒有跟著下降，很容易
會發生油水分離之情形。食譜示範中的瑪德蓮及費南雪，油之實際百分比都在 **16 ～ 18%**
之間，而重奶油蛋糕基本配方，油脂之實際百分比約為 **25%**，大約減少了 **7 ～ 9%** 的油脂
用量，若仍以糖油拌合法製作，一定會油水分離。

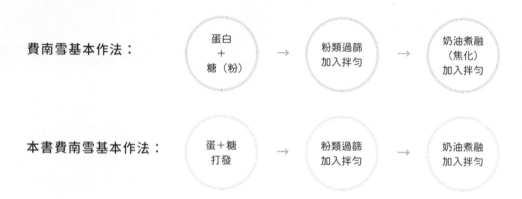

費南雪基本作法：　蛋白 + 糖（粉）　→　粉類過篩 加入拌勻　→　奶油煮融（焦化）加入拌勻

本書費南雪基本作法：　蛋 + 糖 打發　→　粉類過篩 加入拌勻　→　奶油煮融 加入拌勻

將糖油拌合法更改為上述兩種方式製作，奶油以煮融方式最後加入，即使降低油脂用量也
不會導致油水分離。

本書中的瑪德蓮、費南雪、柳橙蛋糕、蜂蜜檸檬蛋糕、千層蛋糕、沙哈蛋糕，若以重奶油
蛋糕來檢視配方，都是大幅度的下修油脂用量，但因為配方中的油、糖及粉的比例與戚風
蛋糕相比又偏高，加上又無加入液態原料、或加入的液態比例極低，製作出的蛋糕組織還
是較紮實，成分還是較重，所以本書將其分類為半重奶油蛋糕。

這類蛋糕的做法，都是將奶油煮融後再加入、或是蛋（白）打發的方式製作，兩種方式都
能有效提高麵糊的乳化拌合能力。

2 添加乳化劑或乳化油脂
減少重奶油蛋糕配方中之天然油脂比例，確實會影響麵糊乳化程度，若添加乳化添加劑，
即使油脂比例降低，同時增加蛋液及液態比例，也是能達到完全乳化。

蛋糕的乳化劑不僅有較傳統的 **sp** 添加劑，還有蛋糕用的乳化油脂。使用乳化類原料製作蛋
糕，目的能讓麵糊乳化力變強，增加打發力，使麵糊更加穩定，不易消泡及水化，烤出的
蛋糕有蓬鬆度、保濕度，也讓蛋糕在存放的過程更加穩定。使用天然食材製作的重奶油蛋
糕，經過常溫存放，味道很容易起變化，是另一個必須注意及克服的問題。

c. 增加蛋糕體鬆軟度

1 增加蛋用量
磅蛋糕的糖比例並非是所有蛋糕配方中最高的，部分海綿蛋糕、長崎蛋糕的糖比例，會比
磅蛋糕 **25%** 更高。通常高糖比例的配方就不會再添加油脂，但因為磅蛋糕配方中，油及糖
的比例都較高，會使蛋糕容易有甜膩的感覺，所以不太會再調增糖比例來增加蛋糕體積。
而若要增加蛋比例來增加蛋糕體積，可參閱 **P16**「**a.** 降低蛋糕甜度之 **1** 減少糖用量」。

2 利用全蛋、分蛋打發製作
以基礎磅蛋糕配方採用全蛋打發方式製作,麵糊能夠包入更多的空氣,使蛋糕組織更加鬆發,若再增加蛋比例至 **40**%以下,降低油糖比例,並且不添加水分、或添加極少比例之水分,就可製作出介於磅蛋糕及戚風蛋糕之間的口感。蛋的實際百分比若在 **40**%以上,降低油糖比例,配方中再加入水分,則可以製作戚風蛋糕。

所以從磅蛋糕基礎配方調增蛋比例,降低油、糖及粉之比例,可讓蛋糕體更鬆軟。如示範食譜鹽之花磅蛋糕→蛋百分比 **27.5**%、蜂蜜瑪德蓮→蛋 **33**%、香草千層蛋糕→蛋 **40.2**%、奶油戚風蛋糕→蛋 **43.8**%,蛋的比例越高,蛋糕體會越鬆發,同時也會增加蛋糕濕潤口感。

3 添加乳化劑或乳化油脂
適當的添加乳化劑能夠有效增加蛋糕體積,使蛋糕體達到鬆軟效果,但過度添加,蛋糕烤焙膨脹度反而會變差。如果麵糊配方本身就具有完全乳化能力,若再添加乳化劑,蛋糕體膨脹度及口感可能會變差。

在正常磅蛋糕的配方比例下,不太需要添加乳化劑,若是配方中調增蛋或液態比例,同時又調降糖及油之比例,使麵糊本身乳化力變差,此時適度的添加乳化劑,可能會讓蛋糕膨脹度變好。

‖ 無油海綿蛋糕　　包含長崎蛋糕、海綿蛋糕（捲）……等。

· **配方結構與調整**

將「Ⅰ重奶油蛋糕」的配方中，油 25％加至蛋中，使蛋比例增加至 50％，則可進入「Ⅱ 無油海綿」基礎配方。

配方　　原料	Ⅰ 重奶油蛋糕	Ⅱ 無油海綿
蛋	25％	50％
糖	25％	25％
麵粉	25％	25％
油	25％	0％
水	0％	0％
總和	100％	100％

· **材料影響與添加比例**

 粉｜建議添加比例→約 16%～ 25%

在磅蛋糕配方中，已將麵粉設定為五種蛋糕基礎配方之上限，如果再增加麵粉用量，蛋糕體口感會越乾、越紮實，化口性會變差。若要製作蛋糕捲，就要注意捲裂之問題，因此，配方中的麵粉比例 25％會往下調整。

但麵粉添加比例若超過 25％，就必須注意配方中的蛋比例不宜過低，或是可在配方中添加液態，如此製作出的蛋糕體還是能保有濕潤口感。

因為無油海綿配方中只有蛋、糖、粉，蛋與糖是屬於濕性材料與柔性材料，而蛋又可與麵

I						II
重奶油蛋糕	−	25%	+	25%	=	無油海綿蛋糕

粉同屬韌性材料,若麵粉比例過低(減少韌性材料),同時增加蛋與糖之比例(增加濕、柔性材料),蛋糕體則會越濕黏、較無組織感。

所以若要調降麵粉比例,來增加蛋糕體的溼度與柔軟度,則可增加蛋用量,並微幅減少糖用量。

蛋 | 建議添加比例→約 45%～ 60%

配方中的蛋,除了能提供水分讓麵粉糊化外,蛋經打發也能增加蛋糕的膨脹度。

海綿蛋糕或是戚風蛋糕配方中,蛋比例若是超過 50%,基本上就可減少液態用量或是不添加液態;反之蛋比例太低,水分不足會使蛋糕化口性變差,蛋糕也會較紮實、組織較粗糙,在蛋比例較低(約 40%)、水分不足的情況下,若調增糖比例至 30% 以上,所製作出之製品會漸漸偏向餅乾、燒果子之口感。

所以,若是無添加油脂或液態之海綿配方,蛋比例不宜過低。

糖 | 建議添加比例→約 20%～ 30%

五種蛋糕基礎配方中,無油海綿配方未添加油脂,為了不要讓蛋糕體口感太乾,砂糖的比例相對就會比其他基礎蛋糕配方高一些,糖比例會超過 25%,也有高於 30% 的可能。

糖比例越高,雖然蛋糕體保溼度會較高,然而蛋糕在存放的過程吸濕度也會較高,若同時又搭配較高比例的蛋量,烤焙後的蛋糕體表面和蛋糕組織會較黏手,蛋糕也會較無組織感,後續的加工裝飾作業也不易進行。所以,若要大幅增加糖比例,同時也要調降蛋比例對應。

若糖比例太低,蛋比例又不高的情況下,蛋糕體則會偏乾,但若是蛋少糖多,像是鈕粒(台式馬卡龍)這類製品,蛋比例大約在 40%,糖會超過 30%,粉也會超過 25%,口感就會介於蛋糕與餅乾之間;因為糖比例較高,即使製品偏乾,但化口性還是好的,可參閱《餅乾研究室 1》牛粒示範食譜。

而在全蛋打發的配方中,糖比例越高,蛋糖打發後的穩定性會越高,越不易消泡;反之糖比例越低,蛋糖打發完成拌入麵粉後,麵糊的消泡性會較大。

III 海綿蛋糕　包含蒙布朗海綿蛋糕、雞蛋海綿蛋糕……等。

· 配方結構與調整

添加油脂能使蛋糕組織較綿密，也能使蛋糕具有油潤口感，再搭配糖的保濕功能，會讓蛋糕整體的濕潤口感增加，所以當蛋糕體口感過乾時，在配方的調整，除了要思考蛋或水分是否不足外，再來就是可以增加糖或油脂之用量。

因此在無油蛋糕配方中要加入油脂，主要對應需被調整的材料為糖和蛋。由「II 無油海綿」配方中扣除 5％的糖加入油脂中，則就進入「III 海綿蛋糕」之基礎配方。

配方＼原料	II 無油海綿	III 海綿蛋糕
蛋	50％	50％
糖	25％	20％
麵粉	25％	25％
油	0％	5％
水	0％	0％
總和	100％	100％

· 材料影響與添加比例

 粉｜建議添加比例→約 16%～ 25%

「III 海綿蛋糕」的基礎配方中，麵粉為 25％，已達五種蛋糕基礎配方之添加上限，添加的比例與影響，和無油海綿蛋糕大致相同。

$$\text{II} \atop \text{無油海綿蛋糕} \quad - \quad \overset{\diamondsuit}{5\%} \quad + \quad \overset{\boxminus}{5\%} \quad = \quad \text{III} \atop \text{海綿蛋糕}$$

蛋｜建議添加比例→約 34%～59%

配方中的蛋，除了能提供水分讓麵粉糊化外，蛋經打發也能增加蛋糕的膨脹度。

因為添加油脂，蛋的添加比例會比無油海綿蛋糕範圍更廣。
如「Ⅰ重奶油蛋糕」配方，蛋的比例若增加至 30% 以上，就必須改變作法，由糖油拌合法改為全蛋打發製作，若不改變製作方式，會有油水分離之可能，而此作法就會與海綿蛋糕作法相同。

配方的油、糖、粉比例高，蛋少，就將其歸類在重奶油蛋糕類，若減油、減粉、增加蛋比例，降低蛋糕紮實口感，增加蓬鬆度，就將其歸類在海綿蛋糕類。

以本書歸類在重奶油蛋糕之蜂蜜瑪德蓮示範食譜，配方中蛋比例達 33%、油脂比例為 16%，所以海綿蛋糕之蛋比例下限將其設定為 34%，隨著油脂比例減少，蛋的比例則會增加，正當油脂比例為 0%，蛋可添加比例約可至 60%，所以海綿蛋糕之蛋建議添加比例約為 34%～59%。

油｜建議添加比例→約 1%～15%

依照蜂蜜瑪德蓮示範食譜，油之添加比例為 16%，所以海綿蛋糕之油脂比例上限將其設定為 15%，若高於 15%，則歸類於重奶油蛋糕類，而下限則設定為 1%，若不添加油脂，就會進入無油海綿蛋糕之配方。

糖｜建議添加比例→約 19%～30%

利用全蛋打發方式製作蛋糕，再加入粉類或油脂拌合時，麵糊消泡程度會較分蛋打發製作明顯，而使用全蛋打發製作，糖比例又偏低的情況下，消泡的狀況會更劇烈，所以製作海綿類蛋糕，糖的添加比例和麵糊穩定度會有一定之關聯性。

海綿配方中若無添加油脂，為了讓蛋糕體不要太乾，糖的添加比例約可達到 30%，但配方中若有加入油脂，油脂添加比例越高，糖比例則可較低，反之油脂比例越低，糖比例可較高。但即使有添加較高比例油脂，為了要使麵糊穩定，避免嚴重消泡，海綿蛋糕糖的比例下限約設為 19%，若低於此下限，蛋糖打發後之體積雖然會較大，但後續拌合作業之消泡程度會較高，麵糊易水化，少量製作或許可克服其缺點，較不適合大量製作。

加入低比例之油脂，還是要維持高糖比例來保持蛋糕濕潤度，而糖添加比例上限可與無油海綿一樣維持在 30%，當然也可以添加超過 30%，但還是必須注意蛋比例不宜過高，避免造成蛋糕體過於濕黏。

IV 無油戚風蛋糕

包含夏洛特蛋糕捲、布曬爾、淑女手指……等。

· 配方結構與調整

將「II 無油海綿」的配方中，50％的全蛋拆分成 33％蛋白＋ 17％蛋黃，以分蛋打發製作，則可進入「IV 無油戚風」基礎配方。

以分蛋打發製作的麵糊性狀較乾、流動性較低，所以可擠出成型，但蛋糕口感與全蛋打發製作的海綿蛋糕相較之下會較乾，組織也會較粗，除了蛋糕配方中會加入杏仁粉增加蛋糕的香氣及油潤度外，蛋糕製品也會搭配慕斯或奶油內餡，增加整體濕潤口感。

配方 / 原料	II 無油海綿	IV 無油戚風蛋糕
蛋	50％	蛋白　33％ 蛋黃　17％
糖	25％	25％
麵粉	25％	25％
油	0％	0％
水	0％	0％
總和	100％	100％

· 材料影響與添加比例

 粉 | 建議添加比例→約 17％～ 25％

在無添加油脂的蛋糕中，不論是全蛋打發的海綿蛋糕、或是分蛋打發的戚風類蛋糕，因為添加較高量之糖比例，所以粉比例也不宜過低。粉添加比例上限設定為五種蛋糕基礎配方之上限 25％，若超過 25％，則進入餅乾與燒果子之配方。

通常無添加油脂類的蛋糕配方中，會加入高比例之杏仁粉，若杏仁粉添加量在配方之 5％以下，可不調整配方直接加入，若添加比例較高時，可減少些許粉量來對應。

II 無油海綿

🥚 50% + 🧊 25% + FLOUR 25%

≒

IV無油戚風蛋糕

🥚 50% (蛋白 33% 蛋黃 17%) + 🧊 25% + FLOUR 25%

無油戚風配方中添加杏仁粉後,其他原料比例會被拉低,所以要檢視配方比例時,除了原配方有添加杏仁粉之百分比外,也要檢視移除杏仁粉後之百分比,才能確實檢視蛋、糖、粉之比例。

🧊 糖 | 建議添加比例→約 20%～ 30%

無油海綿蛋糕與無油戚風蛋糕基本配方大致相同,因為無添加油脂,若要製作蛋糕,還是必須思考蛋糕的濕潤度,所以在糖的添加比例還是不宜過低,大致與無油海綿的建議比例相同。

🥚 蛋 | 建議添加比例→約 45%～ 60%

若要製作蛋糕,蛋添加比例建議在 45％以上,添加比例若接近 40％,則會偏向餅乾、燒果子之口感。因為和無油海綿蛋糕一樣皆無添加油脂,所以蛋的添加比例皆不能太低,建議添加比例和無油海綿蛋糕相同。

V 戚風蛋糕　　包含鮮奶油蛋糕、波士頓派、中空模戚風、生乳蛋糕捲⋯⋯等。

· **配方結構與調整**

戚風蛋糕運用分蛋打發方式製作，並在配方中加入油脂及較高的液態比例，所以蛋糕的組織與其他蛋糕種類相比，較蓬鬆、柔軟且具濕潤度。

利用蛋、糖、油、粉、水這五種原料，可製作出各種特性的戚風蛋糕，如：鬆軟度、濕潤度、甜度、香氣度、保存度或成本考量，再依各自所需要之品質，調整配方比例，完成符合需求之戚風蛋糕。

配方 原料	IV 無油戚風蛋糕	V 戚風蛋糕
蛋	蛋白　33% 蛋黃　17%	蛋白　33% 蛋黃　17%
糖	25%	15%
麵粉	25%	15%
油	0%	10%
水	0%	10%
總和	100%	100%

· **材料影響與添加比例**

🥚 **蛋｜建議添加比例→約 38%～60%**

蛋能增加戚風蛋糕的化口性、增加濕潤口感、以及烤焙著色度，並具有打發性，能增加蛋糕鬆軟度，所以，在所有蛋糕配方中都希望增加蛋比例，以提高蛋糕的品質。

但戚風蛋糕利用分蛋打發方式製作，在配方中又添加油脂及較高比例之液態，所以蛋的添加比例即使低於 40%，只要透過配方比例的調整，還是可以製作出具有化口性及濕潤度的蛋糕口感。

IV
無油戚風蛋糕 －  10% － [FLOUR] 10% ＋ 10% ＋ 10% ＝ V
戚風蛋糕

不過蛋的比例越低，蛋糕的口感就越不鬆軟輕盈，若是低於 **38**％，則要增糖、增油並同時減液態比例，如此能提高化口性，但蛋糕的濕潤度會降低，且組織會變紮實，這類的蛋糕即歸類於磅蛋糕系列；因此，戚風蛋糕的蛋比例下限設定為 **38**％。

戚風蛋糕的蛋比例越高，蛋糕的化口性越好，而蛋白打發的比例就會越多，所拌入麵糊的空氣比例就會越多，較能製作出蓬鬆柔軟的蛋糕組織。蛋能提供麵糊所需要的水分，所以配方中若添加的蛋比例較高，則可減少些許液態比例，同時也可降低柔性材料，糖與油的比例。

配方中蛋比例高於 **45**％，則歸類於蛋比例較高之配方，蛋比例低於 **45**％，則歸類於蛋比例較低之配方，建議戚風蛋糕的蛋添加比例，約為 **38**％～ **60**％。蛋比例低的戚風蛋糕配方，除了可增加糖比例來補足化口性變差之缺點，也可增加液態並搭配燙麵作法，預先讓麵粉糊化，提高蛋糕化口性及濕潤度。

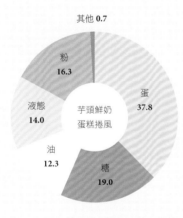

其他 0.7
粉 16.3
液態 14.0
芋頭鮮奶蛋糕捲風
蛋 37.8
油 12.3
糖 19.0

芋頭鮮奶蛋糕捲配方結構
P.265

蛋比例為 **37.8**％，若只是增加糖及液態比例，蛋糕的化口性還是會較差，所以可藉由預先燙麵使澱粉糊化，增加蛋糕化口性及保濕度，但蛋糕組織相對會較不蓬鬆輕盈。

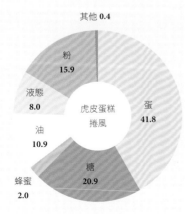

其他 0.4
粉 15.9
液態 8.0
虎皮蛋糕捲風
蛋 41.8
油 10.9
蜂蜜 2.0
糖 20.9

虎皮蛋糕捲配方結構
P.261

蛋比例偏低，為 **41.8**％，而液態比例也偏低，所以配方中糖比例會較高，並搭配 **2**％的蜂蜜來增加蛋糕的化口性及濕潤度，而蛋少、液態少及糖多的蛋糕，保存性會較好，存放於室溫的保存期限相對較長。

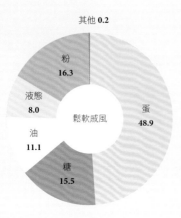

其他 0.2

粉 16.3

液態 8.0

鬆軟戚風

蛋 48.9

油 11.1

糖 15.5

鬆軟戚風蛋糕配方結構
P.207

蛋比例較高，為 **48.9**％，糖的添加比例可高可低，所以若要降低蛋糕甜度，配方中的蛋比例則不宜過低。

糖｜建議添加比例→約 7%～ 23%

糖為柔性材料，賦予蛋糕濕潤口感並有保濕效果，也能增加烤焙膨脹度、蛋糕的化口性與香氣。糖比例低於 **15**％，歸類於糖比例偏低之配方，若高於 **15**％，則屬於高糖比例之配方，再高於 **20**％，就屬於超高糖比例之配方。

1 濕潤度、膨脹度：糖 vs 油的用量關係
因為戚風蛋糕配方中有加入油脂，而糖與油脂都屬於柔性材料，皆能賦予蛋糕濕潤口感，所以不需單純依靠糖來提供蛋糕濕潤度，可與油互相搭配用量。因此，糖的添加比例，可比無油戚風或無油海綿的添加比例還低。

BOX /

低糖比例	高糖比例	超高糖比例	（超）高糖比例搭配高油比例
10％ 以下	約 15％	20％ 以上	
｜	｜	｜	｜
油的添加比例可在 10％ 以上	可降低油的添加比例約 10％	可添加極低油比例甚至可以不添加油脂（則為無油戚風蛋糕）	則進入磅蛋糕配方

>> 油添加比例過高

油會抑制蛋糕的蓬鬆度，蛋糕組織會偏濕的濕潤口感，表面容易有出油現象，口感也會較不清爽。

>> 糖添加比例過高

糖會增加蛋糕蓬鬆度，蛋糕組織會偏乾的濕潤口感，表面易有回潮現象，蛋糕烤焙後的香氣會較濃郁，若是超高糖比例之麵糊配方，使用 **8** 吋實心戚風模烤焙，可能要降低配方中的油及液態比例，且粉的比例也不宜偏低，否則蛋糕倒扣冷卻後容易有凹陷問題產生。

2 化口性：糖 vs 蛋

戚風蛋糕配方中，若蛋的比例低於 43％，蛋糕的化口性就會漸漸變差，所以可增加糖比例來補足其缺點；反之，若要製作低糖配方或是鹹口味之蛋糕，必須減少糖比例，配方中的蛋比例則不宜過低。

高糖比例的配方→所搭配的蛋比例可高可低
低糖比例的配方→建議搭配的蛋比例要較高

油｜建議添加比例→約 1％～ 15％

油為柔性材料，能增加蛋糕的柔潤度，與蛋糕組織的細緻度，但油添加比例過高，反而會抑制蛋糕的蓬鬆度。

戚風蛋糕油脂添加比例約在 10％，就可賦予蛋糕足夠的柔潤度及組織細緻度，又不會過度抑制蛋糕的膨脹度。油脂比例若超過 15％，還是能製作出具有海綿組織並具濕潤度的蛋糕體，但若過度添加，則蛋糕膨脹度會變差，且表面會出油，反而會降低蛋糕品質，也不會預期製作出重油成分的戚風蛋糕。

在磅蛋糕系列中，將蛋比例調高並降低油比例、以全蛋打發製作的瑪德蓮蛋糕，或是分蛋打發的千層蛋糕，油脂比例均在 15％～ 16％之間，與磅蛋糕相較成分變輕，組織變鬆軟，但若與戚風蛋糕相較，成分可能過重，所以在戚風蛋糕配方中，所建議的油脂添加比例上限為 15％。

低油比例 5％以下　添加低油比例的情況下，蛋與糖的比例就需要較高，利用蛋與糖增加蛋糕的濕潤度口感，甚至可以添加極低的油比例。

在製作低糖比例或鹹口味的戚風蛋糕，糖的添加比例較低，而蛋糕的化口性與濕潤度口感就會降低。可添加較高比例的油脂增加濕潤度口感。　**高油比例 13％以上**

粉｜建議添加比例→約 12％～ 20％

蛋白＋糖打發後，蛋白霜形成細緻且均勻的細小氣室，與未添加麵粉的蛋黃糊結合，麵糊入爐烤焙後，還是會膨脹形成海綿組織結構，但隨著出爐冷卻，蛋糕組織則會收縮扁塌，無法維持著海綿組織架構，若是麵糊中添加適當的麵粉比例，出爐冷卻後的海綿組織就不會坍塌，並且能維持住組織架構。

麵粉不僅能維持蛋糕海綿組織架構，也會影響蛋糕的烤焙膨脹度及濕潤度，在戚風蛋糕配方中，建議的麵粉添加比例約為 12％～ 20％。

麵粉添加比例在 **15**％，就能維持蛋糕組織架構，而麵粉比例超過 **20**％，還是可以製作出戚風蛋糕，但蛋糕膨脹度會較小，口感會較紮實，蛋糕的濕潤度也會較差。若要添加高比例的麵粉，也必須增加配方中的糖、油比例，而高粉、高糖、高油的比例，還是適合以磅蛋糕的配方模式思考。

麵粉比例若低於 **15**％，蛋糕的烤焙膨脹度會較大，蛋糕組織會較軟，若是配方中蛋比例較低、而液態的比例又偏高，蛋糕就會更軟，相對蛋糕組織的維持度會較低。若用於製作 **8** 吋實心戚風蛋糕，蛋糕脫模後容易會有腰縮之情形，但若用於製作中空戚風蛋糕，或平盤蛋糕，情況則會得到改善。

麵粉添加量若低於 **10**％，還是能烤焙出具有海綿組織的蛋糕體，但蛋糕出爐後收縮的幅度會較劇烈，如舒芙蕾厚鬆餅，麵粉的添加比例較低，麵糊用平底鍋煎完後，麵糊會膨脹形成蛋糕組織，但隨著冷卻、及麵粉的添加比例越低，蛋糕的收縮程度就會越大。

利用實心、中空戚風模具或烤盤製作戚風蛋糕，建議麵粉的添加比例下限不要低於 **12**％。

 水｜建議添加比例→約 0%～16%

水能增加蛋糕烤焙後的柔軟度。戚風蛋糕若在無添加水或液態的狀況下，打發的蛋白霜與麵粉結合，麵糊會缺乏烤焙膨脹性，烤焙後的網狀海綿組織結構會較堅固。但配方中加入水後，麵糊的烤焙膨脹度會變好，蛋糕組織會較濕潤柔軟；如果配方中的水比例過高，蛋糕的海綿組織結構會過軟，雖然烤焙時的膨脹度較大，但冷卻後蛋糕的支撐度會較差，收縮後的蛋糕組織會較紮實且濕軟。

戚風蛋糕的麵糊結合了蛋白霜與蛋黃糊，而蛋黃糊中若不添加水分，加入低筋麵粉後，麵糊會過稠，甚至單靠蛋黃的水分，可能無法將低筋麵粉拌入，所以在不添加水分的狀態下，必須改變作法，改採用無油戚風的製作方式（蛋白＋糖打發，加入蛋黃拌勻，粉過篩加入拌勻，最後拌入油脂）。

而無添加水分的蛋糕配方中，蛋、糖的比例須較高，糖能增加蛋糕保濕度、提高化口性，最重要的是能穩定麵糊，降低消泡程度。無添加水的戚風蛋糕配方中，只有蛋能提供麵糊水分，所以建議蛋的添加比例需在 **50**％以上，而油脂比例也不宜過高，油脂比例若過高，會加快麵糊的消泡速度。

無添加水的配方所製作出的蛋糕體濕潤度較低，也會較紮實。若水添加比例高於 **5**％，就可用戚風蛋糕之作法，當水比例高於 **14**％，麵粉的比例建議要高於 **15**％，若麵粉比例太低，則無法維持蛋糕的海綿組織。

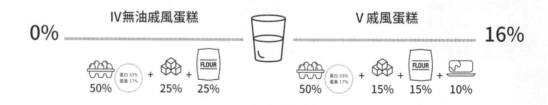

磅蛋糕
實驗室

(表一)
用量（g）

組別 材料（g）	對照組 1	實驗組 2 減油	實驗組 3 減糖	實驗組 4 減粉	
蛋	25	25	25	25	
糖粉	25	25	19.3	25	
麵粉	25	25	25	19.3	
無鹽奶油	25	19.3	25	25	
總和（g）	100	94.3	94.3	94.3	

此表中非蛋糕實際用量，為了方便說明，是以對照組之實際百分比直接做單一原料百分比的增減。

(表二)
百分比（%）

組別 材料（g）	對照組 1	實驗組 2 減油	實驗組 3 減糖	實驗組 4 減粉	
蛋	25	26.5	26.5	26.5	
糖粉	25	26.5	20.5	26.5	
麵粉	25	26.5	26.5	20.5	
無鹽奶油	25	20.5	26.5	26.5	
實際百分比（%）	100	100	100	100	

（表一）的實驗組配方皆為單方面的減少、或增加單一原料之用量，未改變的原料之數值皆設定為 **25**（**g**），因此，會以單一原料之增加或減少，來判定其對蛋糕結果之影響。若將（表一）之配方再換算為實際百分比，如（表二），就可發現改變單一原料之用量，其他原料用量的比例也會隨之變化，所以，若要精準地審視調整後的配方對於蛋糕造成什麼影響，同時檢視（表一）與（表二）是會較精準的。

實驗組 5	實驗組 6	實驗組 7	實驗組 8	實驗組 9
減蛋	增蛋	增糖	增油	增粉
19.3	31.3	25	25	25
25	25	31.3	25	25
25	25	25	25	31.3
25	25	25	31.3	25
94.3	106.3	106.3	106.3	106.3

將配方換算成為實際百分比 ▼

實驗組 5	實驗組 6	實驗組 7	實驗組 8	實驗組 9
減蛋	增蛋	增糖	增油	增粉
20.5	29.5	23.5	23.5	23.5
26.5	23.5	29.5	23.5	23.5
26.5	23.5	23.5	23.5	29.5
26.5	23.5	23.5	29.5	23.5
100	100	100	100	100

（表三）
成品的差異

性狀 \ 組別	對照組 1	實驗組 2	實驗組 3	實驗組 4	
烤焙膨脹度	○	○	×	○	
烤焙上色度	○	×	×	○	
蛋糕表面裂口	○	×	×		
蛋糕體軟度		×	×		
化口性		○		○	

蛋
增加化口性、濕度、體積

1. 蛋多→化口性較好
蛋少→化口性較差

實驗組 5 減蛋配方的化口性，明顯會比實驗組 6 增蛋配方差，實驗組 5 減蛋同時也增加油、粉用量，都會使化口性變差。

而檢視（表二），蛋比例最低的為 5、7、8、9 這四組，除了第 7 組增糖比例能提高化口性外，其餘 3 組化口性為 9 組中最差的，而製作磅蛋糕，應該不會特意降低蛋比例。

反之增加蛋比例，對於烤焙膨脹度及化口性都有明顯幫助（但要注意，若蛋添加比例接近 30%，可能會有油水分離之可能，導致製作失敗）。

2. 蛋多→蛋糕體會較濕
蛋太多→蛋糕體反而會變乾

實驗組 6 增蛋配方雖然能立即增加蛋糕的濕度，但靠蛋或液態所帶來的濕潤度不具有保濕效果，蛋糕中的水分很容易隨著存放而變乾。

磅蛋糕是使用糖油拌合法製作，當蛋的比例增加至一定程度後，蛋糕體不會變得更濕潤，反而會變得更乾；所以，蛋增加時，要思考增加蛋糕保濕性的原料，或減少些許麵粉的用量。

若比較實驗組 6 增蛋配方與實驗組 7 增糖配方，增糖的配方蛋糕會較鬆軟，化口性也是這 9 組中最好的。

3. 蛋多→體積較大
蛋少→體積較小

實驗組 5 減蛋配方之蛋糕體積，比實驗組 6 增蛋配方體積小，但差異度並不會太大。

由（表一）檢視實驗組 5 減蛋及實驗組 6 增蛋配方，兩者配方的差別只在蛋量為 19.3g 與 31.3g，以結果論，減蛋與增蛋所影響蛋糕的體積並不太大；若以（表二）實際百分比檢視，實驗組 5 為減蛋增糖、實驗組 6 為增蛋減糖，所以兩組之體積不會有太大差異。

但若檢視（表二）實驗組 3 將糖比例減至最低，及實驗組 5 將蛋比例減至最低，實驗組 5 蛋少糖多配方之蛋糕膨脹度還是不會太差，所以，蛋與糖對蛋糕體積之影響，糖的影響是大於蛋的。

	實驗組 5	實驗組 6	實驗組 7	實驗組 8	實驗組 9
	○	○	○	×	×
	○	○			
		○			
		○	○	○	×
	×	○	○	×	×

實驗組 3
糖比例減到最低

實驗組 5
蛋比例減到最低

實驗組 6
蛋比例最高

（表一）
用量（g）

組別\材料 (g)	實驗組 3	實驗組 5	實驗組 6
	減糖	減蛋	增蛋
蛋	25	19.3	31.3
糖粉	19.3	25	25
麵粉	25	25	25
無鹽奶油	25	25	25
總和 (g)	94.3	94.3	94.3

（表二）
實際百分比（%）

組別\材料 (g)	實驗組 3	實驗組 5	實驗組 6
	減糖	減蛋	增蛋
蛋	26.5	20.5	29.5
糖粉	20.5	26.5	23.5
麵粉	26.5	26.5	23.5
無鹽奶油	26.5	26.5	263.5
實際百分比 (%)	100	100	100

蛋比例較高→注入相同體積之模具烤出蛋糕體積會較大，填入麵糊可些微減少
蛋比例較低→注入相同體積之模具烤出蛋糕體積會較小，填入麵糊可些微增加

對照組 1　實驗組 2　實驗組 3　實驗組 4　實驗組 5　實驗組 6　實驗組 7　實驗組 8　實驗組 9

(表一)
用量（g）

組別 材料 （g）	實驗組 3 減糖	實驗組 6 增蛋	實驗組 7 增糖	實驗組 8 增油	實驗組 9 增粉
蛋	25	31.3	25	25	25
糖粉	19.3	25	31.3	25	25
麵粉	25	25	25	25	31.3
無鹽奶油	25	25	25	31.3	25
總和（g）	94.3	106.3	106.3	106.3	106.3

(表二)
實際百分比（%）

組別 材料 （g）	實驗組 3 減糖	實驗組 6 增蛋	實驗組 7 增糖	實驗組 8 增油	實驗組 9 增粉
蛋	26.5	29.5	23.5	23.5	23.5
糖粉	20.5	23.5	29.5	23.5	23.5
麵粉	26.5	23.5	23.5	23.5	29.5
無鹽奶油	26.5	23.5	23.5	29.5	23.5
實際百分比（%）	100	100	100	100	100

糖

增加蛋糕體積、柔軟度、化口性

1. 糖多→體積較大
糖少→體積較小

由實驗組 3 減糖配方與實驗組 7 增糖配方，可比較出蛋糕體積明顯有差異；糖添加比例高的蛋糕膨脹度會較大，反之會較小。

而（表二）中 3、6、8、9 這四組，在九組配方中糖之比例是偏低的，除了實驗組 6 因為蛋比例較高，能提高蛋糕之膨脹度外，實驗組 3、8、9 的蛋糕體積是這九組中最小的，所以糖比例與蛋糕體積有正關係。蛋糕膨脹度越大，蛋糕的組織孔洞會大一些，若蛋糕膨脹度低，切面的氣泡組織會細一些。

若以（表一）來檢視蛋糕體積與比例之關係，以實驗組 3 減糖、實驗組 8 增油及實驗組 9 增粉配方所得到的蛋糕體積最小。

但若由（表二）檢視實驗組 3、8、9 組，單方面大幅降低糖比例，同時油、粉比例又偏高（如實驗組 3），或蛋與糖的比例同時下降，油或粉其中一項原料又偏高（如實驗組 8、9 組），都會讓蛋糕體積變小。

2. 糖多→蛋糕口感會較軟
糖少→蛋糕口感會較硬

糖具有保濕效果，也能延緩蛋糕老化，使蛋糕具有柔軟口感，即使蛋糕經過存放，蛋糕體較不容易變乾。實驗組 3 減糖配方之口感軟硬度是九組中最硬的，反之實驗組 7 增糖配方是 9 組蛋糕中口感最軟的。

在 9 組實驗組口感軟硬度比較下，6、7、8 組的口感是較柔軟的，依序為：7 增糖配方最軟 >8 增油配方 >6 增蛋配方。

所以提高糖、油、蛋都可以增加蛋糕柔軟口感，但不建議採用增油配方，因為蛋糕化口性會變差；反之降低油比例，雖然蛋糕口感會變硬，但化口性會較好。

3. 糖多→蛋糕化口性較好
糖少→蛋糕化口性較差

9 組實驗組中，以實驗組 7 的增糖配方化口性最好，雖然糖會增加蛋糕的化口性，但若沒有搭配適量的蛋比例，化口性也不會變好。

由（表二）檢視糖比例，糖最高的比例，為實驗組 7 的 29.5%，次之為實驗組 2、4、5 的 26.5%，但因實驗組 5 為減蛋配方，蛋為 9 組實驗組中比例最低的 20.5%，所以即使糖比例為 26.5%，化口性還是偏差的。

而實驗組 8、9 兩組，糖與蛋的比例皆偏低為 23.5%，化口性是 9 組中最差的，雖然實驗組 6 的糖比例也是 23.5%，但因為蛋比例較高為 29.5%，所以蛋糕化口性還是好的。

麵粉
影響上色度、化口性、軟硬度

1. 粉多→上色度較淺
粉少→上色度較深

單純降低麵粉用量，蛋糕的烤焙上色度會較深。

由實驗組 4 減粉，與實驗組 9 增粉烤焙上色度比較，增粉的配方烤焙上色度會較淺，當然蛋糕烤焙香氣也會較不足，所以可從配方中粉的比例，來判斷烤焙溫度的設定。

減粉配方

增粉配方

粉比例高→烤箱溫度較高或烤焙時間長
粉比例低→烤箱溫度較低或烤焙時間短

對照組 1　　實驗組 2　　實驗組 3　　實驗組 4　　實驗組 5　　實驗組 6　　實驗組 7　　實驗組 8　　實驗組 9

2. 粉多→化口性較差
　　粉少→化口性較好

實驗組 4 減粉配方的化口性，會比實驗組 9 增粉配方還好，實驗組 9 的蛋糕體太乾、太粉、化口性較差。實驗組 4 雖然化口性較好，但蛋糕出爐之狀態較軟，蛋糕側邊容易會有凹陷的狀況。

　　麵粉比例若偏高，增加蛋、糖比例→
　　化口性會較好（如實驗組 2）

　　麵粉比例若偏高，減少蛋的比例→
　　化口性會較差（如實驗組 5）

　　麵粉比例若偏低，增加蛋或糖比例→
　　化口性會較好（如實驗組 6、7）

3. 粉多→口感較硬
　　粉少→口感較軟

麵粉的添加比例越高，蛋糕的口感會越硬，如實驗組 9 的增粉配方所製作出的蛋糕體口感偏硬，但若粉比例過低，如實驗組 4 的減粉配方，蛋糕經烤焙後組織支撐度不足，而出現收縮之情形，蛋糕體口感也不會是柔軟的。

　　麵粉比例若偏高，油或糖比例又偏低→
　　口感會較硬（如實驗組 2、3）

　　適當降低麵粉比例，提高蛋或糖或油的
　　比例→口感會較軟（如實驗組 6、7、8）

油脂
影響化口性、軟硬度、膨脹度

1. 油多→化口性較差
油少→化口性較好

實驗組 8 增油配方的化口性，是 9 組配方中最差的，實驗組 2 減油配方化口性較好。

配方中油脂比例越高，油脂乳化蛋的能力會越強，水分就會與油脂緊密結合，而加入麵粉後，麵粉所能吸收到的水分比例就會下降，若水分不足的情況下，蛋糕的化口性就會變差。若添加蛋糕乳化劑製作蛋糕，乳化劑添加比例越高，乳化水分的能力會越強，麵糊會越濃稠，在過度添加的情況下，也會讓蛋糕的化口性變差。

> 油脂比例若偏高，降低蛋比例→
> 化口性會較差（如實驗組 5）

> 油脂比例若偏高，提高蛋、糖比例→
> 化口性較好（如實驗組 4）

2. 油多→口感較柔軟
油少→口感會較硬

實驗組 8 增油配方蛋糕體明顯較軟，實驗組 2 減油配方蛋糕體明顯較硬。

蛋、糖與油都能讓蛋糕口感變軟，在實驗組 8 增油配方中，雖然糖與蛋的比例偏低，但單方面的增加油脂比例，蛋糕體還是柔軟的；而實驗組 2 減油配方雖然蛋與糖的比例偏高，但油脂比例為 9 組配方中最低的，蛋糕體口感是偏硬的，所以油脂比例是能有效地影響蛋糕的軟硬度口感。

> 油脂、蛋的比例若偏高，糖比例過低→
> 蛋糕口感也會偏硬（如實驗組 3）

> 油脂比例若偏低，提高蛋或糖的比例→
> 蛋糕體口感會較軟（如實驗組 6、7）

3. 油多→膨脹度較差
油少→膨脹度較好

實驗組 8 增油配方的蛋糕膨脹度較差，實驗組 2 減油配方蛋糕膨脹度較好。

蛋與糖都能增加蛋糕之烤焙膨脹度，在實驗組 8 增加油脂比例的同時，又降低蛋與糖的比例，烤焙膨脹度會較差；若配方中油脂比例偏高，而提高糖比例，蛋糕烤焙膨脹度會較好。

> 油脂比例偏高，提高糖比例，或同時提高糖與蛋的比例→
> 烤焙膨脹度較好（如實驗組 4、5）

> 油脂比例偏高，降低糖比例→
> 烤焙膨脹度會稍差（如實驗組 3）

戚風蛋糕
實驗室

(表一)
實際用量（g）

組別／材料（g）	對照組 1	實驗組 2 增蛋	實驗組 3 增糖	實驗組 4 增油	實驗組 5 增水
蛋白	90	106	86	86	86
糖	45	39	43	39	39
蛋黃	45	53	43	43	43
糖	0	0	26	0	0
油	36	30	30	60	30
水	39	33	33	33	63
麵粉	45	39	39	39	39
總和（g）	300	300	300	300	300

(表二)
百分比（%）

組別／材料（g）	對照組 1	實驗組 2 增蛋	實驗組 3 增糖	實驗組 4 增油	實驗組 5 增水
蛋	45	53	43	43	43
糖	15	13	23	13	13
油	12	10	10	20	10
水	13	11	11	11	21
麵粉	15	13	13	13	13
總和（%）	100	100	100	100	100

（表一）的數值為配方用量，每組原料總和皆為 **300g**，成品為 **6 吋**戚風。實驗組配方在單一原料做增減，增加單一原料時，則須減少其他原料用量；反之，減少單一原料時，則須增加其他原料用量。

（表一）重點在戚風分蛋打發時，蛋白＋糖和蛋黃＋糖的用量比例，若要審視調整後的配方對蛋糕造成什麼影響，須將蛋白＋蛋黃合計、糖合計，換算出（表二）的實際百分比，可較精準地審視配方。

實驗組 6	實驗組 7	實驗組 8	實驗組 9	實驗組 10	實驗組 11
增粉	減蛋	減糖	減油	減水	減粉
86	74	94	94	94	94
39	37	21	47	47	47
43	37	47	47	47	47
0	14	0	4	4	4
30	42	42	12	42	42
33	45	45	45	15	45
69	51	51	51	51	21
300	300	300	300	300	300

蛋白與蛋黃合併、糖合併，換算為實際百分比 ▼

實驗組 6	實驗組 7	實驗組 8	實驗組 9	實驗組 10	實驗組 11
增粉	減蛋	減糖	減油	減水	減粉
43	37	47	47	47	47
13	17	7	17	17	17
10	14	14	4	14	14
11	15	15	15	5	15
23	17	17	17	17	7
100	100	100	100	100	100

成品差異說明

組別 性狀	對照組 1	實驗組 2	實驗組 3	實驗組 4	實驗組 5
蛋糕體積	○	○	蛋糕大凹底		×
蛋糕支撐度	○	×			×
烤焙上色度	○	○	○		×
口感		○			×
		化口性好	口感具濕潤度	口感具濕潤度	口感濕糊

蛋糕體積

影響體積的因素：

蛋糕體積會較大 /
增蛋、增糖、增粉、減油、減水，
或蛋、糖與粉的比例高於對照組

蛋糕體積會較小 /
減蛋、減糖、減粉、增油、增水，
或蛋、糖與粉的比例低於對照組

實驗組中，蛋、糖及粉的比例皆高過於對照組 1 的配方，有實驗組 9 與 10，提高蛋、糖與粉的比例同時，油與水的比例自然就會降低，製作出的蛋糕體積就會較大。

實驗組 7 的減蛋、實驗組 8 的減糖與實驗組 11 的減粉配方，雖然在蛋、糖與粉這三項原料中，都有兩項原物料高於對照組之比例，但實驗結果之蛋糕體積還是偏小，所以在配方中大幅降低蛋或糖或粉其中一項比例，會直接影響蛋糕體積，體積皆會較小。

實驗組配方中，蛋、糖與粉其中一樣比例高於對照組 1 的配方有實驗組 2 的增蛋配方、實驗組 3 的增糖配方及實驗組 6 的增粉配方，雖然配方中只有單一比例超過對照組，其中兩項原料的比例皆少量低於對照組，而就實驗結果來看，蛋糕體積還是較大。

實驗組 4 增油配方與實驗組 5 增水配方的蛋、糖與粉的比例皆低於對照組 1，製作出的蛋糕體積較小。

| 實驗組 7 | 實驗組 8 | 對照組 1 | 實驗組 9 | 實驗組 10 |

蛋、糖與粉的比例低於對照組　　　　　　蛋、糖與粉的比例高於對照組

實驗組 6	實驗組 7	實驗組 8	實驗組 9	實驗組 10	實驗組 11
○			○	○	×
○	○	○	○	○	×
×	×	×	○	○	○
	×				×
口感紮實	化口性差			具有濕潤感	口感紮實濕沉

蛋糕支撐度

蛋糕體太過柔軟、冷卻後收縮幅度較大，導致縮腰、不具彈性，容易因外力作業，如：脫模、裝飾、包裝……等，使蛋糕體收縮變形，或蛋糕體經過存放，就會自動收縮，而收縮變形程度大，就將其定義為蛋糕支撐度較差。

蛋糕支撐度對產品的影響，如使用中空戚風紙模烤焙蛋糕，經冷卻存放後，蛋糕體會自動收縮，使蛋糕周圍組織與紙膜分離，同時表面也會出油或越來越濕，隨著時間的擺放，情況就會越嚴重。

或是鮮奶油蛋糕，幾乎都是使用戚風蛋糕來夾心裝飾，若蛋糕體容易收縮變形，蛋糕表面經裝飾擺放水果或具重量之裝飾物，就會因蛋糕體無法承受重量，使得鮮奶油蛋糕越放越塌。

若是要製作常溫保存的戚風蛋糕捲（常溫保存 3 天以上），更必須控制蛋糕從出廠後，經物流直到末端消費者的手上，蛋糕的狀態要保持與剛製作完成時的狀態接近，若蛋糕體出油或收縮，包裝袋會很髒，看起來不新鮮。

蛋糕若要經過較長時間保存，則必須注意蛋糕存放後之狀態，若是不需經過存放，反而可以製作柔軟度較高、甚至冷卻後有些微縮腰之品質；或如舒芙蕾厚鬆餅、半熟蛋糕。這類冷卻後蛋糕狀態差異會較大之製品，柔軟度較高、或烤焙後有縮腰之情形，若是不需經過存放，也許反而讓看似缺點的特質，成為蛋糕的特色。

影響支撐度的因素：

減粉、增水→蛋糕支撐度差

實驗組 2、3、4、5 及 11 組之粉比例低於對照組的 15%，蛋糕支撐度會偏差，若再增加液態比例，蛋糕支撐度會更差。

實驗組 2 → 粉比例 13% 之增蛋配方：

蛋能提供麵糊中所需要的水分，也與麵粉同屬韌性材料，配方中減低麵粉的用量，會讓蛋糕支撐度變差，但增加蛋的用量卻可以補足減粉的影響。實驗組 2 烤焙出的蛋糕雖然不易縮腰，但很容易因為外力而變形收縮。

實驗組 3 → 粉比例 13% 之增糖配方：

糖屬於柔性材料又具有烤焙膨脹性，若是糖比例過高，麵糊抓水能力會較高，烤焙膨脹度會較大，且又無減少液態比例、或增加韌性材料比例，蛋糕冷卻收縮的幅度會較大。實驗組 3 增加糖的同時又降低粉的比例，麵糊中柔性材料過高，使蛋糕底部出現嚴重的凹陷，因為底部凹陷，所以沒有出現腰縮現象。

以實驗組 3 的配方比例，除了略微調高韌性材料比例外，也可以延長烤焙時間、或增加下火烤焙溫度、或使用中空戚風模製作、或製作戚風捲蛋糕，都可以有效改善蛋糕凹底失敗之情況。

實驗組 4 → 粉比例 13% 之增油配方：

油屬於柔性材料，不具烤焙膨脹性，所以麵糊在烤焙過程中之膨脹度會較低，蛋糕冷卻收縮的比例就會較小，縮腰的程度則較不嚴重，但蛋糕表面容易出油。

實驗組 5 → 粉比例 13% 之增水配方：

水經過烘烤加熱會變成水蒸氣，能夠撐開蛋糕組織，但水不具維持蛋糕組織架構之功能。在粉比例偏低、又再增加水比例至 21% 的狀況下，蛋糕烤焙後，冷卻收縮比例會較大，且經過收縮的蛋糕組織較濕沉紮實，無海綿空氣感。

實驗組 11 → 粉比例 7% 之減粉配方：

粉比例下降至 7%，配方中韌性材料過低，冷卻脫模後，蛋糕會漸漸收縮，蛋糕組織也會較濕沉，無海綿空氣感。

烤焙上色度

蛋糕的烤焙上色度，不僅會影響蛋糕表面的烤焙色澤，也會影響烤焙香氣、表皮的厚薄度，及表皮的乾濕程度。

如古早味戚風蛋糕、波士頓派，或是表皮朝外的戚風蛋糕捲，蛋糕表皮皆為產品的正面，所以蛋糕皮的品質相對重要；而表皮必須具備膨厚感、麵糊上色度佳且均勻、

具有烤焙香氣，並且不宜過濕黏或有出油現象。

鮮奶油蛋糕、或是將表皮捲在蛋糕內層的蛋糕捲，在配方的比例範圍就會較廣泛。雖然烤焙會影響蛋糕表皮之品質，但配方結構對於蛋糕品質亦有相當程度之影響。

影響上色度的因素：

增蛋、增糖、減水、減粉→烤焙上色度較深
減蛋、減糖、增水、增粉→烤焙上色度較淺

對照組 1
蛋糕表面具有上色度、膨厚度及烤焙香氣。

實驗組 2

實驗組 7

實驗組 2 增蛋 vs 實驗組 7 減蛋

實驗組 2 單方面的增加蛋比例，蛋糕表皮的品質與對照組 1 相同，蛋糕的表皮上色度較深且均勻、具有膨厚度及烤焙香氣，蛋糕表皮品質較好。

反之實驗組 7 的減蛋配方，蛋糕表皮的上色度淺、皮薄，且蛋糕表面上色面積較小，周圍整圈皆無烤焙色澤，表皮品質較差，且蛋糕表面裂口較小，如此由表皮可判斷蛋糕缺乏烤焙膨脹度。

因此，若要增加蛋糕表皮之上色度、膨厚度，可增加配方中蛋之比例。

實驗組 3 ••••••••••••••••••••••••••••••••••••••• 實驗組 8 •••••••••••••••••••••••••••••••••••••••

實驗組 3 增糖 vs 實驗組 8 減糖

實驗組 3 增糖配方的蛋糕表皮具上色度，但著色均勻度稍差，表皮偏濕。因配方中柔性材料的糖比例過高，麵粉比例又偏低，蛋糕的表皮容易回潮，所以會有偏濕的情況，而糖又具有增加烤焙膨脹性，所以蛋糕表面裂口會較大。

實驗組 8 蛋糕的表皮上色度較淺、皮薄、蛋糕表面周圍上色度更淺，因為是減糖配方，蛋糕的烤焙膨脹度會較小，所以蛋糕表面完全沒有因烤焙膨脹所產生的裂紋。

糖可以增加烤焙的著色度，亦會增加蛋糕表皮的回潮度。在所有蛋糕配方中，戚風蛋糕液態的比例偏高，所以在增加糖比例的同時，韌性材料比例不宜偏低，若韌性材料偏低，蛋糕表皮會隨著存放的時間越久，表皮就會越濕黏（如實驗組 3 增糖配方）。

蛋糕組織回潮可讓蛋糕口感更為濕潤，所以如書中食譜虎皮蛋糕或芋頭鮮奶蛋糕，蛋糕的表皮都捲在蛋糕內層，如此回潮對蛋糕口感就會更加分，而高糖比例的戚風蛋糕在保存會更加穩定。但若是製作波士頓派或是古早味戚風蛋糕，一但蛋糕表面回潮，容易會感覺不新鮮，甚至會有黏手可能，所以必須抑制蛋糕體回潮。

實驗組 5 ••••••••••••••••••••••••••••••••••••••• 實驗組 10 •••••••••••••••••••••••••••••••••••••••

實驗組 5 增水 vs 實驗組 10 減水

實驗組 5 增水配方的表皮上色度偏淺、蛋糕表皮略薄偏濕、表皮周圍整圈沒上色；因為水會增加烤焙膨脹度，所以蛋糕表面裂口較大，雖然麵粉比例偏低，蛋糕烤焙上色度應該會較深，但增加水比例還是會降低烤焙上色度。

實驗組 10 減水配方的表皮及周圍上色度較深，表皮偏乾，雖然配方中麵粉比例高於對照組，烤焙著色度應該會偏淺，但因減少水比例，蛋糕表面上色度會偏深。

所以，若要提高蛋糕表皮的厚度及烤焙色澤，降低配方中的水比例是一個方法。水的添加比例越低，雖然可烤出具有厚度的蛋糕表皮，但蛋糕表皮會缺乏澎度，也會較乾。

實驗組 6 •••••••••••••••••••••••••••••••••

實驗組 11 ••••••••••••••••••••••••••••••••

實驗組 6 增粉 vs 實驗組 11 減粉

實驗組 6 增粉配方的表皮上色度較淺、蛋糕表皮薄、容易產生蛋糕屑，蛋糕表皮品質較差。實驗組 11 減粉配方的表皮上色度較深、具有膨厚感，因粉比例偏低，蛋糕烤焙膨脹度會較大，蛋糕表面裂紋較明顯。

從餅乾、磅蛋糕至戚風蛋糕，麵粉的比例越高，烤焙上色度就會越淺，蛋糕表皮會偏薄且不具膨厚度，所以若要增加蛋糕表皮膨厚度及烤焙色澤，可以降低麵粉比例。

 蛋糕口感

影響口感之因素：

蛋→影響蛋糕化口性

11 組配方中以實驗組 7，蛋比例 37％的化口性最差，而以實驗組 2 之蛋比例 53％之化口性最好。

蛋糕配方中需要足夠的水分讓麵粉糊化，增加化口性，若水分不足，韌性材料之麵粉比例過高，蛋糕的化口性就會偏差。

戚風蛋糕配方中，麵糊水分的來源為蛋與添加的液態原料，若配方中蛋＋液態的比例過低，蛋糕的化口性可能就會偏差。而蛋＋液態的比例偏高，蛋糕的化口性可能就會較好，但不論相加的比例偏高或偏低，其中蛋比例越高，化口性會越好。

糖、油→增加蛋糕濕潤度

增糖或增油都會帶給蛋糕濕潤口感，在 11 組配方中只有單一減少糖或油的比較，並無同時減少糖油之比例的配方，所以 11 組的蛋糕只有過濕糊的口感，沒有明顯過乾的情況。

糖與油都屬於柔性材料，當柔性材料偏高，而配方中的液態比例又過高，或是韌性材料比例過低，就會更加凸顯柔性材料的烘焙特質，除了會增加蛋糕濕潤口感，可能還會增加蛋糕表皮吸濕度或使表皮出油，嚴重的話會影響到蛋糕的品質。

粉→影響蛋糕軟硬口感

戚風蛋糕配方中，液態＋蛋的比例較高，所以 11 組配方的比較之下，並不會因為麵粉比例過高而使蛋糕的化口性變差，反而會因為蛋比例偏低而使蛋糕化口性變差。

適當的麵粉比例會讓蛋糕維持應有的鬆軟口感，麵粉比例越高，蛋糕的口感會越紮實；反之麵粉的比例不足，雖然麵糊經烤焙，膨脹度會較大，但冷卻後蛋糕收縮比例也會較大，使蛋糕組織無法維持應有的海綿空氣口感，反而變得濕沉紮實。

11 組配方中，蛋＋水比例最高組別 ⋯⋯⋯⋯⋯⋯⋯⋯⋯⋯⋯⋯⋯⋯⋯⋯⋯⋯⋯⋯

實驗組 2 增蛋配方
蛋比例 53％＋水比例 11％＝64％
→蛋比例最高，化口性最好。

實驗組 5 增水配方
蛋比例 43％＋水比例 21％＝64％
→水比例較高，口感濕糊。

11 組配方中，糖＋油比例最高組別 ⋯⋯⋯⋯⋯⋯⋯⋯⋯⋯⋯⋯⋯⋯⋯⋯⋯⋯

實驗組 3 增糖配方
糖比例 23％＋油比例 10％＝33％
→蛋糕明顯具有濕度口感，因粉比例
偏低，表皮也偏濕、蛋糕底部形成大
凹底，嚴重影響蛋糕品質。

實驗組 4 增油配方
糖比例 13％＋油比例 20％＝33％
→蛋糕明顯具有濕度口感，有蛋糕的
海綿組織口感，因粉比例偏低，蛋糕
表皮會出油。

11 組配方中粉比例偏高組別 ⋯⋯⋯⋯⋯⋯⋯⋯⋯⋯⋯⋯⋯⋯⋯⋯⋯⋯⋯⋯⋯⋯⋯

實驗組 6 增粉配方
粉比例 23％，為 11 組配方中最高組
別，偏向全蛋打發之海綿紮實口感。

實驗組 7 ～ 10 組
粉比例皆為 17％，以實驗組 7 減蛋
配方之蛋糕化口性最差。

11 組配方中，蛋＋水比例最低組別 ···

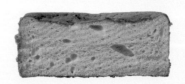

實驗組 7 減蛋配方
蛋比例 37％＋水比例 15％＝ 52％
→蛋比例最低，化口性最差。

實驗組 10 增水配方
蛋比例 47％＋水比例 5％＝ 52％
→水比例最少，口感具濕潤度，化口性比實驗組 7 好。

11 組配方中，糖＋油比例最低組別 ···

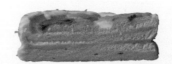

實驗組 8 減糖配方
糖比例 7％＋油比例 14％＝ 21％
→因為油脂比例偏高，使蛋糕表皮較具濕潤度，同時蛋糕組織濕潤，口感也濕潤。

實驗組 9 減油配方
糖比例 17％＋油比例 4％＝ 21％
→因為油脂比例最低，蛋糕口感清爽、表皮較乾爽，同時蛋糕組織也較乾爽，但口感具濕潤度。

11 組配方中粉比例最低組別 ···

實驗組 11 減粉配方
粉比例 7％，為 11 組配方中粉比例最低組別，蛋糕烤焙冷卻後，還具有蛋糕體積及支撐度，但蛋糕體會漸漸收縮，口感變得濕沉紮實。

蛋 25% | 糖 25%
粉 25% | 油 25%

磅蛋糕 / POUND CAKE

磅蛋糕是利用糖油拌合法所製作的蛋糕製品，配方中蛋的比例較低，糖、油、粉的比例較高，所以蛋糕的組織偏紮實、口感較甜膩。

而在磅蛋糕類的食譜系列中，將配方中的糖或油或粉的比例降低，並改變製作方法大幅提高蛋的添加比例，能使蛋糕口感從紮實變鬆軟、降低蛋糕甜膩度及提高濕潤度口感。

鹽之花磅蛋糕

part A-1

模具尺寸 >>

L 23 * W 4 * H 6.5 cm
鋪入白報紙備用

麵糊重量 >>

390 g

INGREDIENTS /

材料	實際用量（g）	實際百分比（%）
無鹽奶油	100	24.5
蜂蜜	8	2.0
糖粉	84	20.6
低筋麵粉（A）	54	13.2
全蛋液	112	27.4
低筋麵粉（B）	50	12.3
總和	408	100.0

表面裝飾 /

鹽之花	適量

RECIPE /

❶ 無鹽奶油＋蜂蜜＋過篩糖粉＋過篩低筋麵粉（A），先以刮刀拌勻，再以打蛋器打發至顏色發白。

❷ 全蛋液分 3 次加入作法 1 攪打至完全乳化。

❸ 低筋麵粉（B）過篩加入攪拌均勻。

❹ 將麵糊均勻擠入模具中→敲平→用湯匙微微將麵糊往兩邊推→表面撒上
鹽之花。

 上火 180℃｜下火 190℃

中下層｜網架｜不旋風

約烤 40 mins

❺ 入爐。

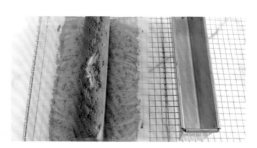

❻ 出爐將熱氣敲出→脫模移至冷
卻架→將周圍白報紙撕開冷卻
即可。

NOTE

\# 麵糊入模後，左右兩邊麵糊要多一些，烤出之蛋糕左右兩側才不會太低。

\# 磅蛋糕是油脂、糖、蛋、麵粉這四種原料以同等比例製作出的蛋糕，口感較為紮實成分較重，所以在製作此類蛋糕，可能會希望成分變輕，如糖油比例減少，降低甜膩口感，應該不會再傾向增加油及糖的用量。

\# 配方中添加少量蜂蜜可增加烤焙色澤及蛋糕香氣，也可些微增加蛋糕濕潤度，但增加量不宜過高，蜂蜜比例太高，磅蛋糕容易出現濕沉的組織。此外，蜂蜜與砂糖的烤焙性狀也不同，不能以 1：1 的比例大量替換。

[減油增蛋影響]

糖油拌合法很重要的是蛋加入後之乳化狀態，使用天然奶油以基礎磅蛋糕之配方製作，乳化能力較低，攪拌至乳化是沒有問題，但若再減油加蛋，可能就無法將蛋液完全乳化進而導致油水分離，所以通常在減油增蛋的情況下，會使用乳化性較強的人造油脂或添加乳化劑來補足其缺點。

在減少油脂之情況下，蛋液也要跟著減少，或是採用全蛋打發及分蛋打發的方式來增加蛋用量及減少油脂用量。如在本書馬德蓮及費南雪或歸納在半重奶油蛋糕的示範食譜，與磅蛋糕相比，這類都是提高蛋量、減少糖油用量所製作的蛋糕。

[減糖增蛋影響]

減少糖能改善磅蛋糕較甜的既定印象，是調整磅蛋糕的方向，但減糖增蛋的幅度也不宜過高，若整體總蛋量過 28％，以糖油拌合法製作，還是會有油水分離的可能。

蛋和糖都是能讓蛋糕膨脹的元素，所以減少糖、增加蛋還是可以維持蛋糕一定的蓬鬆度，但若糖量過低，烤出的蛋糕表面下層可能會有水線或濕沉的組織，像是沒烤熟，這是減糖可能會造成的結果；能夠改善的方向除了拉高糖比例外，也可提高溫度縮短烤焙時間，或是讓蛋糕體變薄。如此次磅蛋糕使用兩種規格之模型製作，有細高模型及扁寬模型，扁寬模型烤出之蛋糕較能改善這種情況，但若麵糊配方嚴重失衡，還是要以調整麵糊配方為主。

油和糖都有增加口感濕潤度之功能，將這兩種原料減少，蛋糕的保濕度就會降低，而減少的部分就會增加蛋或麵粉的添加量，因為降低油和糖的比例已經會讓口感變乾的狀況下，則不宜再增加麵粉的用量，會使蛋糕口感更乾，如此就只能增加蛋的用量了。

p.58.59 >> 巧克力磅蛋糕

p.60.61　>>　地瓜磅蛋糕

巧克力磅蛋糕

模具尺寸 >>	麵糊重量 >>
L 23 * W 4 * H 6.5 cm 鋪入白報紙備用	390 g

INGREDIENTS /

材料	實際用量（g）	實際百分比（%）
無鹽奶油	100	25.5
蜂蜜	5	1.3
糖粉	80	20.4
低筋麵粉（A）	20	5.1
可可粉	20	5.1
全蛋液	112	28.6
低筋麵粉（B）	55	14.0
總和	392	100.0

分量內食材 /

71%調溫巧克力豆	30 g

RECIPE /

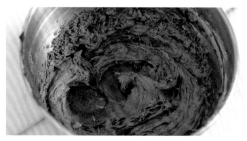

❶ 無鹽奶油＋蜂蜜＋過篩糖粉＋過篩低筋麵粉(A)＋過篩可可粉，以刮刀拌勻，再以打蛋器打發至顏色發白。

❷ 全蛋液分 3 次加入攪打至完全乳化。

❸ 低筋麵粉（B）過篩加入攪拌均勻。

❹ 將 71% 巧克力豆加入拌勻。

❺ 將麵糊均勻擠入模具中→敲平→
用湯匙微微將麵糊往兩邊推→入
爐。

32L

上火 170°C｜下火 190°C

中下層｜網架｜不旋風

約烤 35 mins

❻ 出爐將熱氣敲出→脫模移至冷卻架
→將周圍白報紙撕開冷卻即可。

NOTE ‖

[關於可可粉]

\# 可可粉要挑選高脂可可粉，使用脂肪含
量越低之可可粉，吸水量會越高，麵糊
會比較硬，烤焙膨脹度也會變差，也有
失敗之可能。

\# 製作巧克力口味之蛋糕除了添加可可粉
之外，也可將調溫巧克力融化與糖油一
起拌合，增強巧克力濃郁風味。

\# 可可粉添加量可與低筋麵粉等比例替
換，添加融化調溫巧克力，若蛋糕體太
乾則可適量減少低筋麵粉用量。

\# 麵糊配方所添加之調溫巧克力豆、果乾
或果粒不會加入配方總量中，會特別獨
立區隔出來。因配方中有加或沒加都不
會影響麵糊結構；反之若列入計算，油、
糖、蛋、粉之百分比之數據都會被拉低，
若要以磅蛋糕基準來檢視此配方之百分
比，還是要將其移除才能進行配方比較
及分析。但若是調溫巧克力豆融化加入
麵糊，則要加入總量合併計算。

\# 巧克力標示的%數是指可可膏與可可脂
的相加總值，%數越高，甜度越低、苦
味越明顯。71%巧克力豆甜度較低且
苦味較明顯，可平衡蛋糕體甜度，所以
此配方建議選擇70%以上的巧克力豆。

地瓜磅蛋糕

模具尺寸 >>

L 23 ＊ W 4 ＊ H 6.5 cm
鋪入白報紙備用

麵糊重量 >>

390 g

INGREDIENTS /

材料	實際用量（g）	實際百分比（%）	排除地瓜泥之 實際百分比（%）
無鹽奶油	100	23.5	25.3
蒸地瓜泥	30	7.1	0
蜂蜜	10	2.4	2.5
糖粉	80	18.8	20.3
低筋麵粉（A）	50	11.8	12.7
全蛋液	100	23.5	25.3
低筋麵粉（B）	55	12.9	13.9
總和	425	100.0	100.0

＊ 分量內食材，55 g 的蒸地瓜丁，切約 1cm 丁狀。

RECIPE /

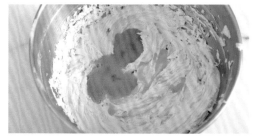

❶ 無鹽奶油＋蒸地瓜泥＋蜂蜜＋糖粉
＋低筋麵粉（A），以刮刀拌至無
乾粉狀態。

❷ 以打蛋器打發至顏色發白，全蛋液
分 3 次加入，攪打至完全乳化。

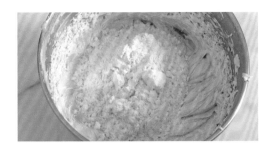

❸ 低筋麵粉（B）過篩加入，充份拌勻。

❹ 加入地瓜丁，拌勻。

❺ 將麵糊均勻擠入模具中→敲平→用湯匙微微將麵糊往兩邊推→入爐。

上火 170℃ ∣ 下火 190℃

中下層 ∣ 網架 ∣ 不旋風

約烤 43 mins

❻ 出爐將熱氣敲出→脫模移至冷卻架→將周圍之白報紙撕開冷卻即可。

NOTE ‖

\# 地瓜磅蛋糕配方除了四種基礎原料，油、糖、蛋、粉外，額外添加了新鮮地瓜泥，若要檢視配方添加的副原料與基礎原料之對應關係，要將副原料從實際百分比中移除，以地瓜磅蛋糕為例：移除地瓜泥後之油、蛋、粉實際百分比在 25 ～ 26%間，皆在磅蛋糕標準範圍內，由此可知地瓜泥的添加無需調整油、蛋、粉之比例。排除地瓜泥之實際百分比配方中，蜂蜜與糖粉相加的比例為 22.8%，也符合減糖之磅蛋糕配方，所以地瓜泥可直接加入配方中，並不需要調整配方，可添加比例約為總配方之 7%。

\# 蒸地瓜可直接至超商購買，在挑選時不要挑太軟的，太軟拌入麵糊中會散掉。蒸地瓜可先取切丁用，剩下來的邊料以細目篩網過篩成泥狀，口感較細緻。

\# 地瓜丁含有水分，蛋糕經過時間保存後，蛋糕體會更加濕潤。

p.64.65 >> 香蕉磅蛋糕

p.66.67　>>　香蕉麵包

香蕉磅蛋糕

模具尺寸 >>

L 23 ＊ W 4 ＊ H 6.5 cm
鋪入白報紙備用

麵糊重量 >>

390 g

INGREDIENTS /

材料	實際用量（g）	實際百分比（%）
無鹽奶油	70	17.1
新鮮香蕉	50	12.2
蜂蜜	10	2.4
糖粉	80	19.5
低筋麵粉（A）	60	14.6
全蛋液	90	22.0
低筋麵粉（B）	50	12.2
總和	**410**	**100.0**

分量內食材 /

烤熟核桃	40 g

NOTE ‖

\# 香蕉要挑選完全熟透、吃起來香蕉氣味濃郁、甜味明顯、質地要軟的品質，除了在攪拌過程容易融合均勻之外，蛋糕的香蕉味也會較明顯。

\# 加入麵糊中拌勻的核桃都必須將其烤熟，烤焙不足會有核桃的生臭味，烤焙過頭則會有油耗味。建議用 150℃ 以下慢火烘烤。

\# 添加新鮮香蕉泥可減少配方的油脂用量，而香蕉也含有水分與甜味，添加比例較高時，可適度減少蛋量和糖量。

RECIPE /

❶ 無鹽奶油＋新鮮香蕉＋蜂蜜，以刮刀拌勻。

❷ 糖粉＋低筋麵粉（A）過篩加入，以刮刀拌勻。

❸ 以打蛋器打發至顏色發白。

❹ 全蛋液分 3 次加入，攪打至完全乳化。

❺ 加入過篩低筋麵粉（B），攪拌均勻。

❻ 烤熟核桃加入麵糊中拌勻。

❼ 將麵糊均勻擠入模具中→敲平→用湯匙微微將麵糊往兩邊推→入爐。

上火 170℃｜下火 190℃

中層｜網架｜不旋風

約烤 43 mins

❽ 出爐將熱氣敲出→脫模移至冷卻架→將周圍白報紙撕開冷卻即可。

香蕉麵包

模具尺寸 >>

L 10 ＊ W 5 ＊ H 4 cm
鋪入烤焙紙模備用

麵糊重量 >>

100 g ／個

INGREDIENTS /

材料	實際用量（g）	實際百分比（%）
新鮮香蕉	145	27.2
細砂糖	108	20.3
全蛋液	72	13.5
低筋麵粉	136	25.5
小蘇打	2	0.4
鮮奶	40	7.5
沙拉油	30	5.6
總和	**533**	**100.0**

分量內食材 /

烤熟核桃	30 g

RECIPE /

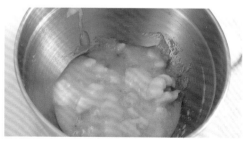

❶ 新鮮香蕉＋細砂糖先壓碎、再攪打
成泥。

❷ 以打蛋器充分打至顏色發白、均
匀。

❸　全蛋液分 2 次加入，充分攪拌。

❹　低筋麵粉＋小蘇打過篩，加入，拌匀。

❺　加入鮮奶和沙拉油，拌匀。

❻　加入烤熟核桃，拌匀。

❼　將麵糊裝入模型中，麵糊擠約 8 分滿（此配方可製作 5 條）→入爐。

上火 210℃｜下火 180℃
中下層｜網架｜不旋風
約烤 30 mins

❽　出爐將熱氣敲出冷卻即可。

NOTE ‖

\#　使用香蕉製作蛋糕，可以賦予蛋糕濕潤度、香氣以及甜味，配方中加入香蕉可以適度減少油脂用量，若添加的比例較高時，可能還需減少配方中的糖量和水量。

\#　若以磅蛋糕配方來比較，此配方中以大量香蕉取代奶油，因為香蕉添加比例較高，所以配方中的糖及液態都要減少，然而在低筋麵粉的比例則不需要變動。

p.70.71 >>
焙茶黑棗磅蛋糕

p.72.73　>>　藍莓乳酪磅蛋糕

焙茶黑棗磅蛋糕

模具尺寸 >>	麵糊重量 >>
L 25 ＊ W 5.7 ＊ H 4 cm	350 g
鋪入白報紙備用	

INGREDIENTS /

材料	實際用量（g）	實際百分比（%）
無鹽奶油	103	25.7
蜂蜜	5	1.2
糖粉	80	20.0
低筋麵粉（A）	40	10.0
全蛋液	115	28.7
焙茶粉	8	2.0
低筋麵粉（B）	50	12.5
總和	401	100.0

分量內食材 /

黑棗乾	40g

＊ 黑棗乾 1 切為 4 備用。

RECIPE /

❶ 無鹽奶油＋蜂蜜＋過篩糖粉＋低筋麵粉（A）。

❷ 以刮刀拌勻。

❸ 以打蛋器打發至顏色發白，全蛋液分 3 次加入，打發至完全乳化。

❹ 焙茶粉過篩加入，攪打均勻。

❺ 低筋麵粉（B）過篩加入，充分攪拌均勻。

❻ 加入黑棗乾，拌勻。

❼ 將麵糊擠入模型中→敲平→入爐。

上火 170℃ | 下火 190℃

中層 | 網架 | 不旋風

約烤 35 mins

❽ 出爐將熱氣敲出→脫模→將周圍白報紙撕開冷卻。

NOTE ‖

\# 黑棗乾也可加入少量蘭姆酒浸泡，瀝乾後將液體擦乾則可拌入麵糊，除了可降低黑棗乾甜度外，也可增加風味。

藍莓乳酪磅蛋糕

模具尺寸 >>

L 25 ＊ W 5.7 ＊ H 4 cm
鋪入白報紙備用

麵糊重量 >>

350 g

INGREDIENTS /

材料	實際用量（g）	實際百分比（%）
無鹽奶油	60	14.1
奶油乳酪	60	14.1
細砂糖（A）	20	4.7
全蛋液	105	24.7
蜂蜜	10	2.4
細砂糖（B）	70	16.5
低筋麵粉	100	23.5
總和	**425**	**100.0**

分量內食材 /

新鮮藍莓　　　　適量

＊ 奶油乳酪置於室溫完全退冰備用。

 **NOTE** ‖

\# 在磅蛋糕配方中添加大量的奶油乳酪取代部分奶油，若使用糖油拌合法來製作，蛋糕的
蓬鬆度會較差，也會有粉粉的口感，以蛋糕品質來評斷，是需再被調整的。

\# 而在不調整配方的情況下，利用全蛋打發方式來製作，能有效改善蛋糕體的蓬鬆度、表
面著色度、蛋糕烤焙香氣及化口性。

\# 奶油乳酪使用前要放置室溫退冰至完全軟化，先拌勻後才進行攪拌及隔水加熱，若質地
太硬就進行混合，容易出現結粒，一旦有結粒情況則無法再攪拌出質地均勻自然的狀態。

RECIPE /

❶ 無鹽奶油＋奶油乳酪＋細砂糖（A），攪拌均勻，隔水加熱備用（與打發蛋糊拌合之溫度保持於 40℃左右）。

❷ 全蛋液＋蜂蜜＋細砂糖（B），拌勻，隔水加熱至 42℃，以打蛋器打發至麵糊滴落時紋路不易消失。

❸ 低筋麵粉過篩加入，拌勻。

❹ 將保溫的作法 1 加入作法 3，拌勻。

❺ 將麵糊擠入模型中→敲平→擺放上新鮮藍莓→入爐。

32L

上火 190℃ ｜ 下火 200℃

中層 ｜ 帶鐵盤預熱 ｜ 不旋風

約烤 40 mins

❻ 出爐將熱氣敲出→脫模移至冷卻架→將周圍白報紙撕開冷卻即可。

p.76.77 >> 檸檬磅蛋糕

p.78.79　>>　楓糖咖啡瑪德蓮

檸檬磅蛋糕

模具尺寸 >>	麵糊重量 >>
L 25 * W 5.7 * H 4 cm	350 g
鋪入白報紙備用	

INGREDIENTS /

材料	實際用量（g）	實際百分比（%）
全蛋液	95	24.2
蜂蜜	9	2.3
細砂糖	81	20.7
低筋麵粉	90	23
無鹽奶油	90	23
檸檬汁	27	6.9
總和	392	100.0

RECIPE /

❶ 全蛋液＋蜂蜜＋細砂糖。

❷ 攪拌均勻，隔水加熱至 42℃，以打蛋器打發至麵糊滴落時紋路不易消失。

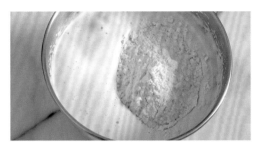

❸ 低筋麵粉過篩加入，拌勻。

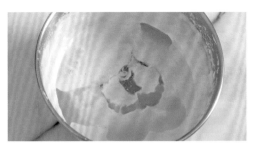

❹ 無鹽奶油煮至微滾融化，立刻加入攪拌均勻。

❺ 加入檸檬汁，攪拌均勻。

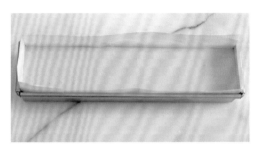

❻ 將麵糊擠入模型中→敲平→入爐。

上火 190℃ ｜ 下火 200℃

中層 ｜ 網架 ｜ 不旋風

約烤　36 mins

❼ 出爐將熱氣敲出→脫模置放冷卻架
→將周圍白報紙撕開冷卻即可。

 **NOTE** ‖

加入檸檬汁的麵糊上色度會較差，雖然烤焙溫度與藍莓乳酪磅蛋糕相同，但檸檬磅蛋糕搭配網架入爐，對比藍莓乳酪磅蛋糕搭配鐵盤入爐，網架的火力會較強，也會增加蛋糕表面上色度（可參閱 **P.10** 烤箱與烤焙方式的影響）。

蛋糕麵糊配方中添加檸檬汁，都會降低蛋糕膨脹度，而磅蛋糕組織較紮實，若再添加檸檬汁會更加紮實，所以也是使用全蛋打發之方式來增加蓬鬆度。

添加檸檬汁之磅蛋糕組織容易會有水線或是會出現較濕沈的蛋糕組織，要注意麵糊攪拌完成之溫度不要低於 **40℃**，烤出之蛋糕組織會較均勻。

楓糖咖啡瑪德蓮

模具尺寸 >>	麵糊重量 >>
小瑪德蓮模備用	15 g／個

INGREDIENTS /

材料	實際用量（g）	實際百分比（%）
全蛋液	62	31.0
二砂	38	19.0
楓糖漿	10	5.0
烘焙用即溶咖啡粉	4	2.0
低筋麵粉	50	25.0
無鹽奶油	36	18.0
總和	200	100.0

RECIPE /

❶ 全蛋液＋二砂＋楓糖漿，以打蛋器打發。

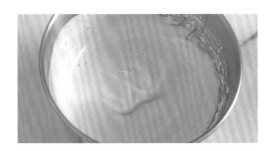

❷ 至麵糊滴落時紋路不易消失之程度。

❸ 加入咖啡粉，慢速度攪打至咖啡粉溶解。

❹ 低筋麵粉過篩加入，拌勻。

❺ 無鹽奶油煮滾融化後，加入拌勻。

❻ 麵糊密封，放入冷藏備用（麵糊直接烤焙亦可）。

❼ 將麵糊擠入模型中，填滿烤模→入爐。

上火 210°C｜下火 200°C

中層｜帶鐵盤預熱｜不旋風

約烤 13 mins

32L

❽ 出爐脫模冷卻即可。

NOTE ‖

若是使用不沾材質模具，不抹油也能順利脫模，就不要抹油。模具使用冷卻後，只需用紙巾或布巾擦拭乾淨，再抹上薄薄一層油存放，盡量避免一直清洗，模具會較耐用。

二砂糖和細砂糖可以等比例替換，兩者除了風味不同外，二砂的含水量較高，以等比例替換時，二砂的含糖量會比較低。若以低溫烘焙將二砂含水量烘烤蒸發，成分會與細砂糖更為接近。

p.82.83 >> 蜂蜜瑪德蓮

p.84.85　>>　巧克力瑪德蓮

蜂蜜瑪德蓮

模具尺寸 >>

小瑪德蓮模備用

麵糊重量 >>

15 g ／個

INGREDIENTS /

材料	實際用量（g）	實際百分比（%）
全蛋液	66	33.0
細砂糖	38	19.0
蜂蜜	10	5.0
低筋麵粉	54	27.0
無鹽奶油	32	16.0
總和	**200**	**100.0**

NOTE ‖

\# 本書中所製作的瑪德蓮是以磅蛋糕之基本配方調整而成，通常這類蛋糕的糖油成分偏高，口感相較紮實。而本書示範之瑪德蓮配方降低油脂用量至 **16**％，增加蛋量至 **33**％，使得蛋糕口感更為清爽。

\# 此配方若使用糖油拌合法製作，一定會油水分離，所以使用全蛋打發之方式，不但順利解決麵糊油水分離的問題，同時也讓蛋糕體更有蓬鬆度，但這類配方適合即烤即食。

\# 若是要運用在禮盒中，保存期及保濕度都要能維持久一點，可能還是要選擇糖油比例較高之配方會較適合。

RECIPE /

❶ 全蛋液＋蜂蜜＋細砂糖。

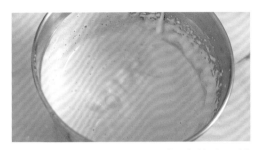

❷ 以打蛋器打發，至麵糊滴落時，紋路不易消失之程度。

❸ 低筋麵粉過篩加入，攪拌均勻，加入煮滾融化之無鹽奶油。

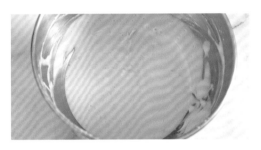

❹ 拌勻成麵糊。

❺ 麵糊密封，放入冰箱冷藏備用（不冷藏直接烤焙亦可）。

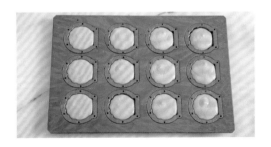

❻ 將麵糊擠入瑪德蓮模型中，填滿烤模→入爐。

32L

上火 210°C ｜ 下火 200°C

中層 ｜ 帶鐵盤預熱 ｜ 不旋風

約烤 12~13 mins

❼ 出爐脫模冷卻即可。

巧克力瑪德蓮

模具尺寸 >>

香蕉不沾模備用

麵糊重量 >>

19 g／個

INGREDIENTS /

材料	實際用量（g）	實際百分比（%）
全蛋液	68	33.2
二砂	38	18.5
蜂蜜	10	4.9
可可粉	10	4.9
低筋麵粉	38	18.5
無鹽奶油	36	17.6
咖啡酒	5	2.4
總和	**205**	**100.0**

NOTE ‖

\# 配方中奶油量較少，若無小煮鍋加
熱，使用微波爐加熱亦可。

\# 可可粉是消泡性食材，添加進打發
的蛋糕中，會明顯加快消泡速度。
全蛋打發的糖比例越高，消泡程度
會較慢。若是製作成分較輕的海綿
蛋糕，糖比例較低，麵糊消泡會較
劇烈，則無法烤出海綿蛋糕組織。

RECIPE /

❶ 全蛋液＋二砂＋蜂蜜。

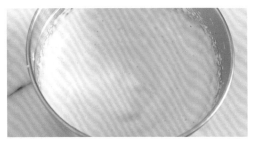

❷　以打蛋器打發至麵糊滴落時紋路不易消失之程度。

❸　低筋麵粉＋可可粉過篩加入，攪拌均勻。

❹　無鹽奶油煮滾融化，加入拌勻。

❺　加入咖啡酒，攪拌均勻。

❻　麵糊密封，放入冷藏備用（麵糊直接烤焙亦可）。

❼　將麵糊擠入模型中，填滿烤模→入爐。

上火 210℃ I 下火 200℃

中層 I 帶鐵盤預熱 I 不旋風

約烤 11~12 mins

❼　出爐脫模冷卻即可。

p.90.91　>>　蜜香紅茶費南雪

抹茶瑪德蓮

模具尺寸 >>	麵糊重量 >>
小瑪德蓮模備用	15 g ／個

INGREDIENTS /

材料	實際用量（g）	實際百分比（%）
全蛋液	66	33.0
細砂糖	36	18.0
蜂蜜	10	5.0
抹茶粉	5	2.5
低筋麵粉	48	24.0
無鹽奶油	35	17.5
總和	200	100.0

RECIPE /

❶ 全蛋液＋細砂糖＋蜂蜜，以打蛋器打發至麵糊滴落時紋路不易消失之程度。

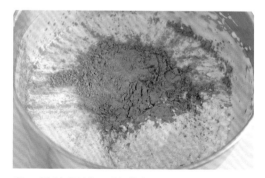

❷ 低筋麵粉＋抹茶粉過篩加入，攪拌均勻。

❸ 無鹽奶油煮滾融化，加入拌勻。

❹ 麵糊密封，放入冷藏備用（麵糊直接烤焙亦可）。

❺ 將麵糊擠入模型中，填滿烤模→入爐。

上火 210℃｜下火 200℃
中層｜帶鐵盤預熱｜不旋風
約烤 13 mins

❼ 出爐脫模冷卻即可。

NOTE ‖

\# 全蛋液溫度要為室溫，無鹽奶油煮滾再加入，麵糊的溫度若過低，加入奶油後奶油容易沉底不易拌均勻，若在冷氣房或冬天製作，建議要將作法 1 隔水加熱至 40℃。

蜜香紅茶費南雪

模具尺寸 >>	麵糊重量 >>
小費南雪模備用	12 g ／個

INGREDIENTS /

材料	實際用量（g）	實際百分比（%）
全蛋液	70	34.7
二砂	38	18.8
蜂蜜	10	5.0
蜜香紅茶粉	4	2.0
低筋麵粉	46	22.8
無鹽奶油	34	16.8
總和	202	100.0

RECIPE /

❶ 全蛋液＋二砂＋蜂蜜。

❷ 以打蛋器打發至麵糊滴落時紋路不易消失。

❸ 低筋麵粉＋蜜香紅茶粉過篩加入，拌勻。

❹ 無鹽奶油煮滾融化，加入拌勻。

❺ 麵糊密封，放入冷藏備用（不冷藏直接烤焙亦可）。

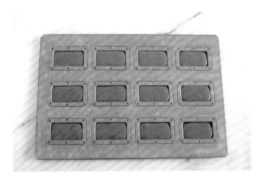

❻ 將麵糊擠入模型中，填滿烤模→入爐。

32L

上火 210℃｜下火 200℃

中層｜帶鐵盤預熱｜不旋風

約烤 11~12 mins

❼ 出爐脫模冷卻即可。

NOTE ‖

\# 傳統費南雪是使用蛋白，並且將奶油煮至焦化，使烤焙後的蛋糕具有焦香味，並且會添加杏仁粉增加風味。但此配方是以磅蛋糕基礎配方調整，增蛋、降油讓蛋糕成分更輕，並利用費南雪模具烤焙，口感較清爽，與傳統費南雪蛋糕有些許不同，也可在此配方中添加少量杏仁粉取代低筋麵粉，增加蛋糕香氣。

p.94.95 >> 橘子費南雪

p.96.97　>>　蜂蜜檸檬蛋糕

橘子費南雪

模具尺寸 >>	麵糊重量 >>
小費南雪模備用	12 g／個

INGREDIENTS /

材料	實際用量（g）	實際百分比（%）
全蛋液	68	29.6
細砂糖	36	15.7
蜂蜜	10	4.3
低筋麵粉	52	22.6
無鹽奶油	34	14.8
糖漬橘子皮醬	30	13.0
總和	230	100.0

RECIPE /

❶ 全蛋液＋細砂糖＋蜂蜜，以打蛋器打發至麵糊滴落時紋路不易消失。

❷ 低筋麵粉過篩加入，拌勻。

❸　無鹽奶油煮滾融化，加入拌勻。

❹　加入糖漬橘子皮醬，攪拌均勻。

❺　麵糊密封，放入冷藏備用。

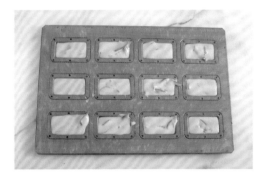

❻　將麵糊擠入模型中，填滿烤模→入爐。

32L

上火 210℃ | 下火 200℃
中層 | 帶鐵盤預熱 | 不旋風
約烤 11~12 mins

❼　出爐脫模冷卻即可。

NOTE ‖

\# 若烤面烤焙不足，包入包裝袋內也容易會有沾黏包裝袋之情形。

\# 蛋糕脫模後，可將蛋糕再翻面，讓烤面朝上冷卻，若將烤面朝下冷卻，很容易會沾黏在冷卻架或白報紙的上面。

\# 糖漬橘子皮醬不是一般超市賣的橘子果醬，是帶有濕度的糖漬橘子皮（可見作法 4 圖示），可至烘焙材料行購買。

蜂蜜檸檬蛋糕

模具尺寸 >>

L 18 ＊ W 18 ＊ H 5 cm 之慕斯框，放在烤盤上
鋪白報紙備用

麵糊重量 >>

620 g

INGREDIENTS /

材料	實際用量（g）	實際百分比（%）
蛋白	115	17.9
細砂糖（A）	60	9.3
塔塔粉	1	0.2
無鹽奶油	107	16.7
蛋黃	67	10.4
細砂糖（B）	17	2.6
蜂蜜	20	3.1
鹽	1	0.2
糖漬檸檬皮	107	16.7
檸檬汁	40	6.2
低筋麵粉	107	16.7
總和	**642**	**100.0**

NOTE ‖

\# 低筋麵粉若直接加入麵糊拌勻保溫，隨著保溫時間越久，麵糊就會越乾、越稠，烤出之
蛋糕組織就會略較紮實，若在與蛋白霜混合前再加入低筋麵粉攪拌，蛋糕的組織會較蓬
鬆，蛋白霜也較容易與蛋黃糊結合。

RECIPE /

❶ 無鹽奶油隔水加熱至融化，加入蛋黃中，以打蛋器攪拌至乳化均勻。

❷ 細砂糖（B）＋鹽＋蜂蜜，加入拌勻。

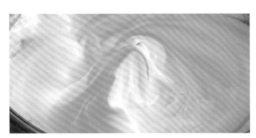

❸ 糖漬檸檬皮＋檸檬汁，加入拌勻（隔水保溫於 40℃）。

❹ 低筋麵粉過篩加入，拌勻成蛋黃糊〈此步驟在作法 5 蛋白霜打發完成再加入〉。

❺ 蛋白＋塔塔粉，以打蛋器打發至約 5 分發，分 2 次加入細砂糖（A），打至半乾性發泡，完成蛋白霜。

❻ 蛋白霜分 3 次加入蛋黃糊中，拌勻。

❼ 慕斯框墊烤盤→倒入麵糊→抹平→敲泡→烤盤連同慕斯框入爐。

32L

上火 190℃ ┃ 下火 170℃

中下層 ┃ 鐵盤 ┃ 預熱不旋風

約烤 30 mins

❽ 出爐將熱氣敲出→取下模框放置冷卻架→撕開周圍白報紙冷卻→以鋸齒刀分切即可。

柳橙蛋糕

part A–4

模具尺寸 >>	麵糊重量 >>
L 18 * W 18 * H 5 cm 之慕斯框 放在烤盤上鋪白報紙備用	620 g

INGREDIENTS /

材料	實際用量（g）	實際百分比（%）
蛋白	104	16.2
細砂糖（A）	59	9.2
塔塔粉	1	0.2
無鹽奶油	107	16.7
蛋黃	78	12.1
細砂糖（B）	38	5.9
鹽	1	0.2
糖漬柳橙皮醬	107	16.7
新鮮柳橙汁	20	3.1
柳橙果醬	20	3.1
低筋麵粉	107	16.7
總和	642	100.0

 **NOTE** ‖

\# 柳橙果醬可選擇成分單純只有柳橙和砂糖所製作的果醬，果醬中含有些許果皮，
　柳橙風味會較濃郁。

\# 糖漬柳橙皮醬是帶有濕度的糖漬柳橙皮（可見作法 5 圖示），可至烘焙材料行購買。

RECICE /

❶ 將慕斯框放在烤盤上，鋪入白報紙備用。

❷ 無鹽奶油隔水加熱至融化。

❸ 將融化的無鹽奶油加入蛋黃中，以打蛋器攪拌至乳化均勻。

❹ 細砂糖（B）＋鹽，加入拌勻。

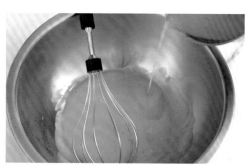

❺ 柳橙皮醬＋新鮮柳橙汁＋柳橙果醬，加入拌勻（隔水保溫於40℃）。

❻ 低筋麵粉過篩加入，拌勻成蛋黃糊〈此步驟在作法 7 蛋白霜打發完成再加入〉。

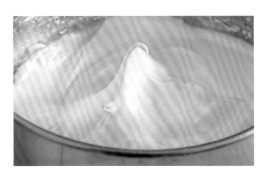

⑦　蛋白＋塔塔粉，以打蛋器打發至約 5 分發，分 2 次加入細砂糖（A），打至半乾性發泡，完成蛋白霜。

⑧　蛋白霜分 3 次加入蛋黃糊中，拌勻。

⑨　攪拌均勻。

⑩　倒入框模中→抹平→敲泡→烤盤連同慕斯框入爐。

上火 180℃ | 下火 160℃

中下層 | 網架 | 不旋風

約烤 28 mins

⑪　出爐取下模框→移至冷卻架→撕開周圍白報紙冷卻→再以鋸齒刀分切即可。

香草千層蛋糕

模具尺寸 >>

L 18 * W 18 * H 5 cm 之慕斯框
放在烤盤上鋪白報紙備用

麵糊重量 >>

810 g

INGREDIENTS /

材料	實際用量（g）	實際百分比（%）
無鹽奶油	120	14.4
杏仁粉	36	4.3
玉米粉	20	2.4
蛋黃	112	13.4
動物性鮮奶油	32	3.8
低筋麵粉	100	12.0
蛋白	224	26.8
細砂糖	192	23.0
總和	836	100.0

分量內食材 /

香草莢　　　　　　1/4 條

＊ 將香草莢剖開取籽，刮
出香草籽（亦可先拌入動
物性鮮奶油中）備用。

RECIPE /

❶ 軟化的無鹽奶油先攪拌均勻，
　加入杏仁粉＋玉米粉。

❷ 以打蛋器打發至奶油顏色發
　白。

❸ 蛋黃＋動物性鮮奶油，混合均勻，分 3 次加入作法 2 中打發。

❹ 打至完全乳化均勻，加入香草籽拌勻，完成蛋黃糊。

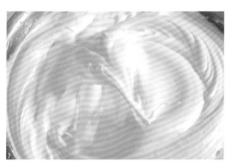

❺ 蛋白以打蛋器打發至 5 分發，細砂糖分 3 次加入打發至濕性發泡，完成蛋白霜。

❻ 取一半蛋白霜，加入蛋黃糊中，攪拌均勻。

❼ 低筋麵粉過篩加入，拌勻。

❽ 再將剩餘蛋白霜加入，攪拌均勻。

⑨ 大約取 90g 麵糊入框模 → 抹平 → 敲泡 → 烤盤連同慕斯框入爐。

上火 250℃｜下火 0℃

中下層｜不旋風

約烤 6~7 mins

⑩ 出爐再加入約 90g 麵糊。

⑪ 抹平 → 敲泡 → 入爐 → 再烤焙 6～7 分鐘。

⑫ 重複作法 10、11，持續作業直到滿模為止。

⑬ 出爐脫模 → 撕除周圍烤焙紙冷卻即可。

NOTE ‖

此配方約烤 9 層，總烤焙時間超過 1 小時，代表後段入爐的麵糊會放置 1 小時，必須控制麵糊消泡速度，避免麵糊水化，烤不出蛋糕組織口感。乳化劑可有效降低消泡速度，在不添加乳化劑的考量之下，則可「增加糖的比例」來穩定麵糊的消泡程度。每層加入的麵糊越多，越不易上色，麵糊越薄越容易上色；所以烤焙過 5 分鐘後，就要注意上色程度。

抹茶千層蛋糕

模具尺寸 >>

L 18 * W 18 * H 5 cm 之慕斯框
放在烤盤上鋪白報紙備用

麵糊重量 >>

810 g

INGREDIENTS /

材料	實際用量（g）	實際百分比（%）
無鹽奶油	120	14.2
杏仁粉	36	4.3
玉米粉	20	2.4
抹茶粉	16	1.9
蛋黃	112	13.3
動物性鮮奶油	32	3.8
低筋麵粉	92	10.9
蛋白	224	26.5
細砂糖	192	22.7
總和	**844**	**100.0**

NOTE ‖

\# 打發蛋白添加塔塔粉的確會讓蛋白霜狀態更穩定，而蛋白霜中的糖也會有穩定蛋白霜之功能，細砂糖的比例越高，蛋白霜穩定性越高。
蛋白：細砂糖＝2：1，需添加塔塔粉增加穩定性。
蛋白：細砂糖＝2：1.5~2，可不用添加塔塔粉。

\# 麵糊要加入烤模前，可稍微將麵糊攪拌均勻再放入烤模。

\# 麵糊薄的部分上色快、厚的部分上色慢，為了要讓成品著色度均勻，每一層麵糊抹平後的厚薄度都要均勻，避免上色度不一。

\# 若無 42 公升烤箱，可使用 32 公升烤箱，放置最上層，以上火 230℃／下火 0℃約烤 8 分鐘。

❶ 軟化的無鹽奶油先攪拌均勻。

❷ 玉米粉和抹茶粉先混合過篩＋杏仁粉，充分混合均勻，加入作法 1 中。

❸ 以打蛋器打發至奶油顏色發白。

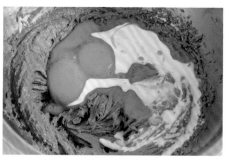

❹ 蛋黃＋動物性鮮奶油，混合均勻，分 3 次加入作法 3 中。

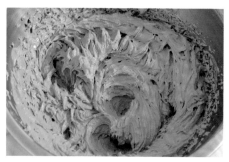

❺ 打發至完全乳化均勻，完成蛋黃糊。

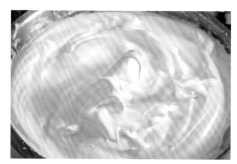

❻ 蛋白以打蛋器打發至約 5 分發，細砂糖分 3 次加入打發至濕性發泡，完成蛋白霜。

7 取一半蛋白霜加入蛋黃糊中，拌勻→加入過篩低筋麵粉拌勻→再將剩餘蛋白霜加入拌勻。

8 慕斯框墊烤盤→倒入約90g麵糊→抹平→敲泡→烤盤連同慕斯框入爐。

上火 250℃｜下火 0℃

中下層｜不旋風

約烤 6~7 mins

9 出爐再加入約 90g 麵糊。

10 抹平→敲泡→入爐→再烤焙6～7分鐘，重複作法8、9，持續作業直到滿模為止。

11 出爐脫模→撕除周圍烤焙紙。

12 冷卻即可。

22% 巧克力布朗尼

模具尺寸 >>

L 16 * W 16 * H 7 cm 之固定模
鋪入烤焙紙備用

麵糊重量 >>

600 g

INGREDIENTS /

材料	實際用量（g）	實際百分比（%）
蛋白	80	12.9
細砂糖（A）	80	12.9
蛋黃	40	6.5
細砂糖（B）	25	4.0
無鹽奶油	115	18.5
透明麥芽糖	20	3.2
71% 黑巧克力	150	24.2
可可粉	25	4.0
低筋麵粉	85	13.7
總和	620	100.0

分量內食材 /

烤熟核桃	60 g

RECIPE /

❶ 蛋黃＋細砂糖（B），攪拌至砂糖融化備用。

❷ 無鹽奶油＋透明麥芽糖，隔水加熱至融化。

❸ 加入 71% 黑巧克力拌至融化。

❹ 加入作法 1 蛋黃糖液。

❺ 拌至乳化均勻〈拌合後隔水保溫在 40℃〉，完成巧克力蛋黃糊。

❻ 蛋白以打蛋器打發至約 5 分發，將細砂糖（A）分 3 次加入打發至接近乾性發泡，完成蛋白霜。

❼ 將蛋白霜分 2 次加入蛋黃糊中。

❽ 攪拌均勻。

9 可可粉＋低筋麵粉過篩加入，拌勻。

10 加入烤熟核桃，拌勻。

11 倒入模型→抹平→入爐。

上火 180°C｜下火 180°C

中層｜網架｜開旋風

約烤 30 mins

12 出爐將熱氣敲出→脫模→放在冷卻架冷卻→分切即可。

NOTE ‖

\# 麵粉加入後，攪拌至無看到乾粉狀態就不要繼續攪拌，過度攪拌麵糊會越稠，甚至會導致油水分離。

15% 巧克力沙哈蛋糕

模具尺寸 >>

8 吋圓形固定模
墊底紙與圍邊紙備用

麵糊重量 >>

600 g

INGREDIENTS /

材料	實際用量（g）	實際百分比（%）
蛋白	126	20.1
細砂糖（A）	72	11.5
塔塔粉	1	0.2
無鹽奶油	48	7.7
動物鮮奶油	71	11.3
苦甜巧克力	97	15.5
可可粉	32	5.1
細砂糖（B）	50	8.0
蛋黃	73	11.6
低筋麵粉	57	9.1
總和	627	100.0

RECIPE /

❶ 無鹽奶油＋動物鮮奶油＋苦甜巧克力。

❷ 隔水加熱至融化。

❸ 可可粉＋細砂糖（B）混合均勻，加入作法 2 中拌勻至砂糖融化。

❹ 加入蛋黃。

❺ 攪拌均勻至乳化〈隔水加熱保溫在約 40℃〉，完成巧克力蛋黃糊。

❻ 蛋白＋塔塔粉，以打蛋器打發至約 5 分發，將細砂糖（A）分2 次加入打發至半乾性發泡，完成蛋白霜。

❼ 將蛋白霜分 3 次加入蛋黃糊中。

❽ 拌至快均勻時，加入過篩低筋麵粉。

⑨　持續拌勻。

⑩　倒入模型→抹平→敲泡→入爐。

上火 180℃ I 下火 160℃

中下層 I 網架 I 不旋風

約烤 29 mins

⑪　出爐→脫模冷卻即可。

\# 沙哈巧克力因為糖量較高且無添加液態，所以麵糊中的糖呈現過飽和狀態，糖會從麵糊中析出至蛋糕表面，使蛋糕表面形成一層薄脆的表皮，脫模或將圍邊紙撕開時，要注意盡量不要破壞到表層。

[無油海綿蛋糕]

蛋
50%

糖
25%

粉
25%

[海綿蛋糕]

蛋
50%

糖
20%

粉
25%

油
5%

海綿蛋糕 / SPONGE CAKE

海綿蛋糕是利用全蛋打發方式所製作的蛋糕製品，海綿蛋糕食譜中又將其分為無油海綿及有油海綿蛋糕之兩類配方。

構成無油海綿配方的三主要原料為蛋、糖、麵粉，因為無添加油脂，所以必須添加比例較高之糖量維持蛋糕濕潤度口感，而有添加油脂之海綿蛋糕配方，則可降低糖比例。

長崎蛋糕

模具尺寸 >>	麵糊重量 >>
L 25 ＊ W 15 ＊ H 8 cm （內徑）之木框	800 g

INGREDIENTS /

材料	實際用量（g）	實際百分比（%）
全蛋液	395	43.9
細砂糖	260	28.9
透明麥芽	50	5.5
蜂蜜	25	2.8
低筋麵粉	150	16.7
熱水	20	2.2
總和	900	100.0

＊ 長崎蛋糕難度高，失敗
率高，失敗亦別氣餒。

RECIPE / 前置

❶ 不沾耐熱烤焙布摺成 1/4 大小，墊在烤盤上，放上木框，底部四角
先鋪白報紙，周圍及底部再鋪入白報紙（邊紙高度可高出木框 1 ～
2cm），最後底部再墊入一張白報紙備用。

» 木框四角先墊入白報紙，可以徹底避免麵糊由底部流出，若麵糊流出經加熱
後，會讓白報紙與木框緊黏在一起，則會使脫模不易，造成蛋糕變形。

» 最後一定要多墊一張白報紙（圖右），在步驟 7 出爐要撕掉圍邊紙時，若無
此張白報紙，最後會不好撕，若太用力撕下，蛋糕會變形。

» 家用烤箱所附的鐵盤通常中間會微微凸起，有些不平，所以將耐熱烤焙布墊
在烤盤底部，讓底部平一點，也可緩衝底火溫度。

RECIPE / 蛋糕體

❷ 全蛋液先打散→加入細砂糖打散→加入透明麥芽及蜂蜜→隔水加熱至 40℃。

12 g 麵糊
3 g 杯重

❸ 以打蛋器打發至麵糊膨發，略呈流動狀，測量比重為 0.33（比重不要輕於 0.33；比重＝麵糊重 / 水重，計算方式見 NOTE）。

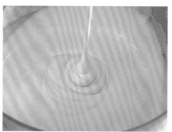

❹ 低筋麵粉過篩加入，攪拌至呈濃稠狀，測量比重為 0.45（若步驟 3 打得較發，加粉後比重變重的幅度會較小或是不太有變化，若是打發度不夠，比重變重的幅度會較大）。

❺ 加入熱水攪拌均勻成麵糊（麵糊攪拌完成，會有泡泡陸續浮至表面，這是正常現象），倒入木框後入爐。

32L

I	II	III	IV
上火 200 ℃	上火 200 ℃	上火 200 ℃	上火 200 ℃
下火 150 ℃	下火 150 ℃	下火 150 ℃	下火 150 ℃
中層｜不旋風	中層｜不旋風	中層｜不旋風	中層｜不旋風
先烤 2 mins	再烤 2 mins	再烤 2 mins	約烤 45 mins

❻ 第一段烤焙｜烤完→取出切拌麵糊　第三段烤焙｜烤完→取出切拌麵糊→敲泡
　　第二段烤焙｜烤完→取出切拌麵糊　第四段烤焙｜最後再烤約 45 分鐘。

❼ 出爐輕敲→直接倒扣在鋪有烘焙紙的木板上，將白報紙取下，再翻
　　至正面冷卻。

 **NOTE** ‖

比重＝重量／體積＝相同體積麵糊重／相同體積水重

烘焙用比重杯多設定為體積 **100ml** 的容器。蛋糕的體積和組織狀態是由麵糊攪拌成功與否決定，麵糊打入的空氣多，體積就大，但打入的空氣過多，也會使蛋糕體組織過於粗糙，打入空氣太少，又會讓蛋糕組織太過緊實，因此麵糊比重可作為參考標準。

若無比重杯，可用一般感冒藥藥水所附的小塑膠杯。

測量方式：
小塑膠杯裝滿水重量約 **36g ＋** 杯重 **3g ＝ 39g**
將麵糊裝入小塑膠杯秤重約＝ **15g**（麵糊重 **12g ＋** 杯重 **3g**）
比重算法：**15 － 3**（杯重）／ **39 － 3**（杯重）**＝ 0.33**

長崎蛋糕出爐要倒扣在烤焙紙上，若沒倒扣在烤焙紙，蛋糕表面容易被沾黏。

124 part B-1 — 無油海綿 ——

抹茶長崎蛋糕

part B-1

模具尺寸 >>	麵糊重量 >>
L 25 ＊ W 15 ＊ H 8 cm（內徑）之木框	850 g

INGREDIENTS /

材料	實際用量（g）	實際百分比（%）
全蛋液	395	43.3
細砂糖	260	28.5
透明麥芽	50	5.5
蜂蜜	25	2.7
低筋麵粉	150	16.4
抹茶粉	13	1.4
熱水	20	2.2
總和	913	100.0

＊ 低筋麵粉不要一次全部倒入打發的蛋液中，以均勻的分布方式撒入，或是直接以過篩的方式加入，會較容易拌均勻。

＊ 加入麵粉前，先將低筋麵粉和抹茶粉充分混合均勻，再進行過篩。

 **NOTE** ‖

\# 蛋液打發第一階段之比重不要低於 **0.33**，若是太輕（太發），麵粉加入後的比重就不會變重。

第一階段的打發程度和平常製作蛋糕的打發程度判斷完全不同，麵糊流動性還蠻高的，像是還未打發之狀態。蛋液也盡量使用中速打發，麵糊空氣分佈會相對均勻，測定比重會較準確。

打太發對蛋糕之影響：

（a）蛋糕烤焙上色度會較強，麵糊烤 **2** 分鐘取出切拌麵糊時，若表面已有明顯的結皮組織，此麵糊烤焙到最後，表面上色度會過黑，表面顏色會不均勻。

（b）蛋糕烤焙膨脹度會較大，而蛋糕表面底下會有一層較濕的麵糊組織，會感覺蛋糕還沒烤熟，而蛋糕冷卻後，蛋糕表面下會有一層很嚴重的糖膏組織。

\# 蛋液打發第一階段之比重重量若太重（打得不夠發），則不會形成蛋糕組織，蛋糕烤焙後，蛋糕底部會有一層紮實的組織。

RECIPE / 前置

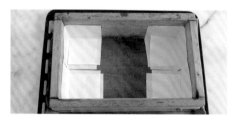

❶ 烤墊不沾布摺成 1/4 大小，墊在烤盤上，放上木框，底部四角先鋪白報紙，周圍及底部再鋪入白報紙（邊紙高度可高出木框 1～2cm），最後底部再墊入一張白報紙備用。

RECIPE / 蛋糕體

❷ 全蛋液先打散→加入細砂糖打散→加入透明麥芽及蜂蜜→隔水加熱至 40℃。

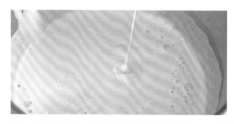

❸ 以打蛋器打發至麵糊膨發，略呈流動狀，測量比重為 0.33（比重不要輕於 0.33；比重＝重量／體積，計算方式見 P.123）。

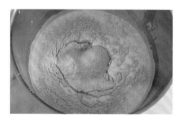
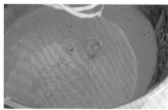

❹ 低筋麵粉＋抹茶粉過篩加入，攪拌至呈濃稠狀，測量比重為 0.47（若步驟 3 打得較發，加粉後比重變重的幅度會較小或是不太有變化，若是打發度不夠，比重變重的幅度會較大）。

❺ 加入熱水攪拌均勻成麵糊（麵糊攪
拌完成，會有泡泡陸續浮至表面，
這是正常現象），倒入木框後入爐。

I	II	III	IV
上火 200 ℃	上火 200 ℃	上火 200 ℃	上火 200 ℃
下火 150 ℃	下火 150 ℃	下火 150 ℃	下火 150 ℃
中層｜不旋風	中層｜不旋風	中層｜不旋風	中層｜不旋風
先烤 2 mins	再烤 2 mins	再烤 2 mins	約烤 45 mins

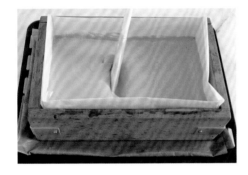

❻ 第一段烤焙｜烤完→取出切拌麵糊
第二段烤焙｜烤完→取出切拌麵糊
第三段烤焙｜烤完→取出切拌麵糊
　　　　　　　→敲泡
第四段烤焙｜最後再烤約 45 分鐘。

❼ 出爐輕敲→直接倒扣在鋪有烘焙紙
的木板上，將白報紙取下，再翻至
正面冷卻即可。

* 蛋糕表面下會有微微一層像糖蜜的組織，所以在切片
時，可將蛋糕表面朝下，才不會一入刀就沾黏，增加
切片的困難度。

抹茶紅豆夾心蛋糕

part B-1

模具尺寸 >>

L 32 ＊ W 22 ＊ H 2.8 cm 烤盤
鋪入白報紙備用

麵糊重量 >>

480 g

INGREDIENTS /

材料	實際用量（g）	實際百分比（%）
抹茶粉	15	3
上白糖	120	24
全蛋液	300	60
低筋麵粉	65	13
總和	500	100.0

紅豆鮮奶油 /

自製紅豆泥	120 g
動物性鮮奶油	80 g

＊ 紅豆泥作法見 P. 145

＊ 動物性鮮奶油打發，加
入自製紅豆泥攪拌均勻。

 **NOTE ‖**

\# 抹茶粉如果不先過篩和上白糖充分混合均勻，加入蛋液打發會有結粒、打不散之
　情形。

RECIPE /

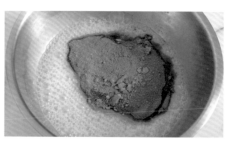

❶ 抹茶粉先過篩，加入上白糖混合均勻備用。

❷ 全蛋液先打均勻，加入步驟 1 抹茶粉和上白糖，拌勻。

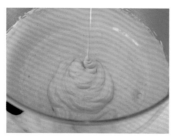

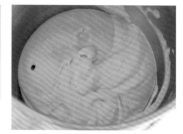

❸ 隔水加熱至 40℃後開始打發，打發至麵糊滴落紋路不易消失，低筋麵粉過篩加入，拌勻成麵糊。

❹ 將麵糊倒入烤盤→抹平→敲泡→入爐。

上火 210°C ｜ 下火 180°C

中層 ｜ 不旋風

約烤 20 mins

❺ 出爐將熱氣敲出。

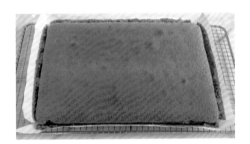

❻ 將蛋糕移出烤盤至冷卻架→將
周圍白報紙撕開→冷卻。

❼ 待蛋糕冷卻→蓋上白報紙翻面→撕除白報紙→蛋糕直向切寬 5cm，共 4 條→抹
上紅豆鮮奶油→疊起再分切成塊狀即可。

覆盆子海綿蛋糕

part B–1

模具尺寸 >>

L 32 * W 22 * H 2.8 cm 烤盤
鋪入白報紙備用

麵糊重量 >>

330 g

INGREDIENTS /

材料	實際用量（g）	實際百分比（%）
天然覆盆子粉	10	2.9
上白糖	80	23.2
全蛋液	200	58.0
低筋麵粉	55	15.9
總和	345	100.0

打發鮮奶油 /

植物性鮮奶油	100 g
動物性鮮奶油	50 g

＊植物性鮮奶油先以打蛋
器確實打發，再慢慢分次
加入動物性鮮奶油，每次
加入確實打發後，再加入
下一次之動物性鮮奶油確
實打發，直到加完為止。

分量外食材 /

新鮮草莓	適量

NOTE ‖

\# 天然果汁粉有很多種類，如覆盆子粉、草莓粉、檸檬粉及藍莓粉……等，雖然同
屬水果粉，但烘焙性狀都不盡相同。

[添加覆盆子粉]

蛋糕的烤面會較原味
及添加抹茶粉的蛋糕
濕黏，會沾手，所以
表面需要以較強火力
烤焙上色。

[添加藍莓粉]

蛋糕表面則會更濕
黏，蛋糕組織不僅濕
黏、粗糙，也無蛋糕
組織感。

[其他]

果汁粉又有天然及人
工製品，並不是每一
種果汁粉都能互相完
全取代製作。

RECIPE /

❶ 天然覆盆子粉，加入上白糖混合均勻備用。

❷ 全蛋液先打均勻，加入步驟 1 天然覆盆子粉和上白糖，拌勻。

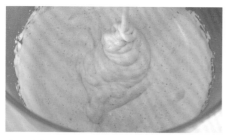

❸ 隔水加熱至 40℃後開始打發，打發至麵糊滴落紋路不易消失，低筋麵粉過篩加入，拌勻成麵糊。

❹　將麵糊倒入烤盤→抹平→敲泡→入爐。

上火 210~220℃｜下火 170℃

中層｜不旋風

約烤 12~13 mins

❺　出爐將熱氣敲出→將蛋糕移出烤盤至冷卻架→將周圍白報紙撕開冷卻。

❻　蛋糕冷卻→蓋上白報紙翻面→撕除白報紙→蓋上白報紙後再翻面（蛋糕要直向捲起）→抹上打發鮮奶油＊→鋪上整顆草莓→捲起→將外圍白報紙捲緊→放入冰箱冷藏定型即可。

＊　靠近身體的部分鮮奶油可抹厚一點，尾端的部分鮮奶油越薄越好，若太厚捲到最後鮮奶油會溢出來。

雞蛋海綿蛋糕

part B–2

模具尺寸 >>

8 連檸檬形烤盤

麵糊重量 >>

18 g／個

INGREDIENTS /

材料	實際用量（g）	實際百分比（%）
全蛋液	97	50.5
細砂糖	42	21.9
低筋麵粉	33	17.2
無鹽奶油	20	10.4
總和	192	100.0

* 無鹽奶油隔水加熱或直接以小火加熱至融化。

NOTE ||

\# 細砂糖比例不到全蛋液之一半，打發後之麵糊穩定度相對會較低，所以加入低筋麵粉和無鹽奶油要輕拌，避免麵糊消泡，因此特別指示以打蛋器手工輕拌。

\# 此海綿蛋糕配方成分較輕，趨近於戚風蛋糕之配方，製作出之蛋糕組織會較鬆軟，所以脫模無法像成分較重的重奶油蛋糕能倒扣敲出模型，這時利用竹籤輕輕將蛋糕撥出即可。

RECIPE / 前置

❶ 檸檬形烤盤抹無鹽奶油→撒低筋麵粉→將多餘麵粉倒出，備用。

RECIPE / 蛋糕體

❷ 全蛋液打散，加入細砂糖拌勻，
隔水加熱至約 40°C。

❸ 打發至麵糊拉起紋路不會消
失。

❹ 低筋麵粉過篩加入，用打蛋器 手工輕拌均勻。

❺ 加入融化的無鹽奶油後，攪拌 均勻。

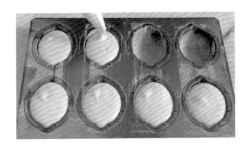

❻ 將麵糊擠入模型中（9分半滿） →入爐。

上火 230°C｜下火 230°C

中層｜網架｜不旋風

約烤 10 mins

❼ 出爐→立即脫模冷卻即可。

蒙布朗海綿蛋糕

模具尺寸 >>

6 吋圓形固定蛋糕模
放入底紙＋圍邊紙

麵糊重量 >>

300 g

INGREDIENTS /

材料	實際用量（g）	實際百分比（%）
全蛋液	153	44.9
細砂糖	85	24.9
低筋麵粉	79	23.2
無鹽奶油	17	5.0
水	7	2.0
總和	341	100.0

打發鮮奶油 /

植物性鮮奶油	100 g
動物性鮮奶油	50 g

＊植物性鮮奶油先以打蛋器確實打發，再慢慢分次加入動物性鮮奶油，每次加入確實打發後，再加入下一次之動物性鮮奶油確實打發，直到加完為止。

栗子餡 /

有糖栗子醬（法國）	300 g
動物性鮮奶油	200 g

分量外食材 /

食用金箔	少許

NOTE ‖

\# 全蛋打發的蛋液可隔水加熱，隔水加熱後的蛋液狀態會變稀，可增加打發的速度。全蛋液在低溫時狀態較濃稠，打發的發度體積會較小，但打發的蛋霜會較穩固，經過攪拌消泡性會比較低。

\# 通常全蛋液都建議隔水加熱至 **40℃** 左右，此時狀態易於打發，經打發後蛋霜的溫度下降，此時蛋霜狀態會較穩定。若將全蛋液加熱超過 **45℃**，雖然易於打發，但打發完成後蛋霜的溫度還是超過 **40℃**，此時包覆著空氣的蛋膜會較稀水、較脆弱，經過攪拌，蛋液薄膜較容易崩壞。

\# 室內溫度較低或冬天製作時，全蛋液隔水加熱的溫度也可提高至接近 **45℃**，室溫若較高則約 **40℃** 即可。雖然全蛋液不隔水加熱也是可以製作出蛋糕，但此配方加入的是無鹽奶油（固體油），蛋液加溫能幫助麵糊的融合度及組織的細緻度。

RECIPE / 蛋糕體

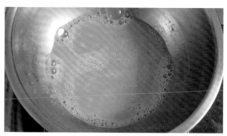

❶ 全蛋液打散，加入細砂糖拌勻，隔水加熱至約 40℃。

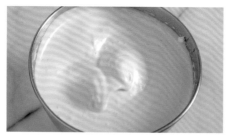

❷ 打發至紋路滴落不易消失。　　❸ 低筋麵粉過篩加入，攪拌均勻。

❹ 無鹽奶油＋水煮融至微滾沸，加入拌勻成麵糊。

上火 170℃ ｜ 下火 170℃
中下層 ｜ 網架 ｜ 不旋風
約烤 28~30 mins

❺ 將麵糊倒入模具→抹平→敲泡
　→入爐。

❻ 出爐將熱氣敲出→脫模→置於
　冷卻架→撕除圍邊紙→冷卻。

RECIPE / 栗子餡

❼ 有糖栗子醬先打均勻，加入打發
的動物性鮮奶油，攪拌均勻後，
備用。

RECIPE / 組合

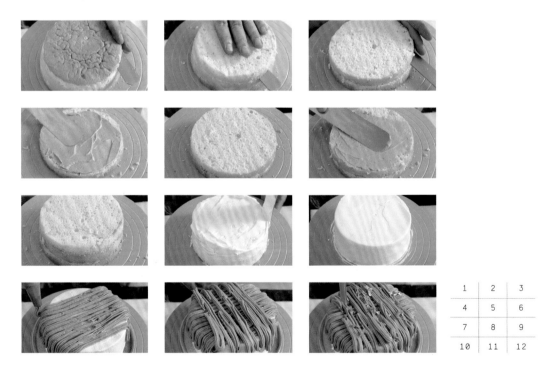

1	2	3
4	5	6
7	8	9
10	11	12

❶ 將蛋糕表面切除→蛋糕體分切成 3 片。1.2.3.

❷ 第一片蛋糕以抹刀抹一層栗子餡→疊第二片蛋糕→抹一層栗子餡→再疊第三片
蛋糕。4.5.6.

❸ 在蛋糕頂部、側面抹上打發鮮奶油→以抹刀修飾抹平。7.8.9.

❹ 擠花袋裝上蒙布朗擠花嘴→填入栗子餡→在蛋糕上擠兩層栗子餡→點綴少許食
用金箔即可。10.11.12.

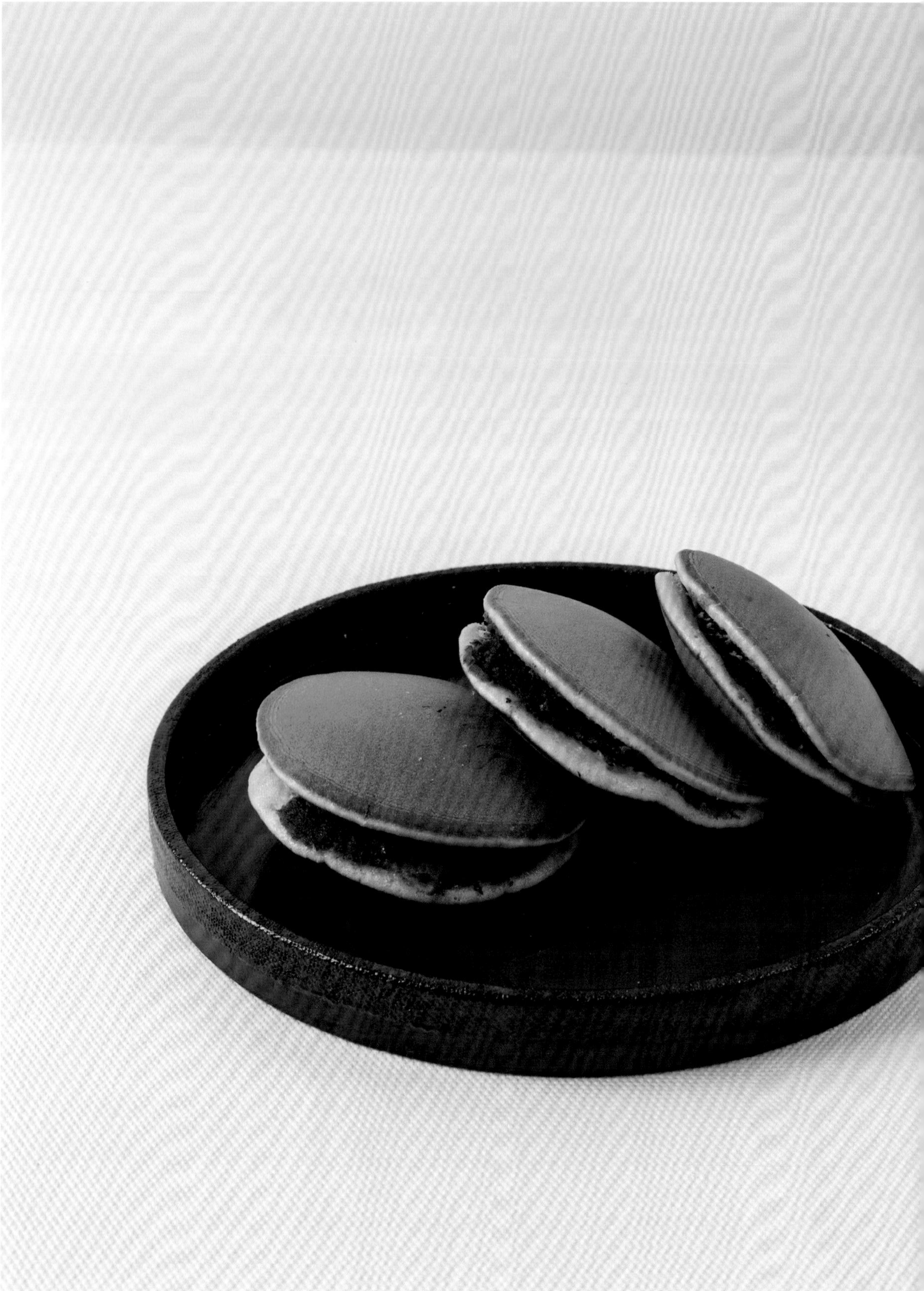

銅鑼燒

模具尺寸 >>

不沾鍋

麵糊重量 >>

視製作大小決定

INGREDIENTS /

材料	實際用量（g）	實際百分比（%）
全蛋液	110	27.4
細砂糖	90	22.4
蜂蜜	20	5.0
水	36	9.0
低筋麵粉	134	33.4
沙拉油	10	2.5
小蘇打	1	0.3
總和	401	100.0

自製紅豆泥 /

生紅豆	300 g
二砂	230 g

奶油紅豆餡 /

自製紅豆泥	200 g
無鹽奶油	20 g

＊ 自製紅豆泥趁熱或蒸熱
回溫，加入無鹽奶油拌勻，
冷卻備用。

RECIPE / 自製紅豆泥

❶ 生紅豆＋水煮滾→將熱水濾掉
→以冷水洗淨→再加水煮到以
手能輕易將紅豆壓碎（因為要
做成紅豆泥，可以煮爛一點，
鍋中水量都控制在剛好淹過紅
豆之狀態）。

❷ 煮到紅豆可輕易用手壓碎時，
加入二砂拌勻→煮滾→熄火放
至微溫→打成泥→再回爐火
上，以中小火煮至糖液收乾狀
態即可（煉煮後之總重量約
970g）。

RECIPE / 蛋糕體

❶ 全蛋液＋細砂糖＋蜂蜜拌勻，以打蛋器打至約 5 分發（讓麵糊還保持在稀水狀態）。

❷ 水＋小蘇打先攪拌溶解，加入作法 1 中拌勻。

❸ 低筋麵粉過篩加入，攪拌均勻，加入沙拉油拌勻，靜置於室溫 1 小時備用。

❹ 不沾鍋加熱至 180℃，將麵糊以擠花袋擠入或以湯匙舀入平底鍋，蓋上鍋蓋，
觀察麵糊表面有大氣泡冒出，檢查底部上色度後翻面，約 10 秒則取出冷卻 *。

* | 第二面不需煎到有上色，邊圈感覺還
  | 要有一點濕黏感，煎過久會過乾。

❺ 將蛋糕片抹上奶油紅豆餡，以另一片蛋糕夾起即可。

 **NOTE** ‖

\# 若平底鍋溫度不夠，要煎到冒泡所花的時間會較久，口感就會變得比較乾，蛋糕體膨脹
度會變差，蛋糕會變較薄，若平底鍋溫度太高，表面上色會較深且不均勻，也容易破壞
不沾鍋塗層。

\# 若希望提高餅皮濕潤度口感，可以稍微減少低筋麵粉用量（如 **134g** 減少至 **130g** 慢慢下
修用量），亦可稍微增加沙拉油之用量，濕潤度會有明顯差異。

鹹鬆餅

模具尺寸 >>
鬆餅機

麵糊重量 >>
視機器規格而定

INGREDIENTS /

材料	實際用量（g）	實際百分比（%）
全蛋液	130	25.9
蜂蜜	25	5.0
細砂糖	60	12.0
低筋麵粉	145	28.9
鮮奶	100	20.0
無鹽奶油	40	8.0
鹽	1	0.2
總和	**501**	**100.0**

雞蛋沙拉 /

水煮蛋	**3** 個
沙拉醬	適量
黑胡椒粒	適量
鹽	適量

＊水煮蛋搗碎，加入沙拉醬（加入量只需讓水煮蛋有黏稠度）、黑胡椒粒及鹽拌勻備用。

分量外食材 /

火腿片	**3** 片
起司片	**3** 片

＊火腿片煎熟冷卻備用。

NOTE ‖

\# 鹹鬆餅麵糊配方中，砂糖用量較甜鬆餅少，鬆餅上色時間會較慢，麵糊加熱後之流動性及膨脹性較甜鬆餅低，所以麵糊擠入鬆餅機的量可以較多一些。

RECIPE /

❶ 全蛋液＋蜂蜜＋細砂糖攪拌均勻，打發至麵糊滴落紋路會慢慢消失之程度。

❷ 低筋麵粉過篩加入，拌勻。

❸ 鮮奶＋無鹽奶油＋鹽，煮至奶油融化，加入作法 2 拌勻成麵糊，放入冷藏靜置備用（建議 3 天內用畢）。

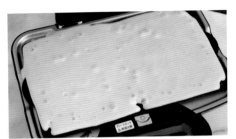

❹　鬆餅機預熱，將麵糊擠入鬆餅機→烤至上色→取出冷卻。

❺　將兩片鬆餅抹上雞蛋沙拉→鋪
　　上熟火腿片及起司片→夾起對
　　切即可。

甜鬆餅

part B–3

模具尺寸 >>

鬆餅機

麵糊重量 >>

視機器規格而定

INGREDIENTS /

材料	實際用量（g）	實際百分比（%）
全蛋液	150	29.9
蜂蜜	25	5.0
細砂糖	100	20.0
低筋麵粉	125	25.0
鮮奶	50	10.0
無鹽奶油	50	10.0
鹽	1	0.2
總和	**501**	**100.0**

打發鮮奶油 /

植物性鮮奶油	*100 g*
動物性鮮奶油	*50 g*

* 植物性鮮奶油先以打蛋器確實打發，再慢慢分次加入動物性鮮奶油，每次加入確實打發後，再加入下一次之動物性鮮奶油確實打發，直到加完為止。

分量外食材 /

新鮮水果	適量

NOTE ‖

\# 甜鬆餅麵糊配方的糖比例較高，受熱後麵糊的膨脹性及流動性會較強，所以麵糊擠入鬆餅機的量不要到滿模狀態，麵糊會溢出機器外。

RECIPE /

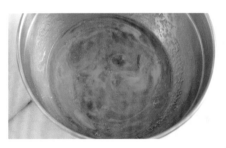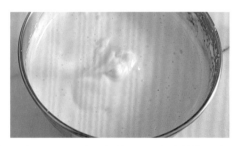

❶ 全蛋液＋蜂蜜＋細砂糖攪拌均勻，打發至麵糊滴落紋路會慢慢消失之程度。

❷ 低筋麵粉過篩加入，拌勻。

❸ 鮮奶＋無鹽奶油＋鹽，煮至奶油融化，加入作法 2 拌勻成麵糊，放入冷藏靜置備用（建議 3 天內用畢）。

❹　鬆餅機預熱，將麵糊擠入鬆餅
機→烤至上色→取出冷卻。

❺　將兩片鬆餅抹上打發鮮奶油→
鋪上水果片→夾起對切即可。

[無油戚風蛋糕]　　　　[戚風蛋糕]

蛋白 33%　糖 25%　蛋黃 17%　粉 25%

蛋白 33%　糖 15%　蛋黃 17%　粉 15%　液態 10%　油 10%

戚風蛋糕 / CHIFFON CAKE

戚風蛋糕是利用「分蛋打發」方式所製作的蛋糕製品，本篇章戚風蛋糕食譜又將
其分為無油戚風和有油戚風蛋糕之兩類配方。

無油戚風因無添加油脂，所以配方中需要添加較高的糖比例，來維持蛋糕的濕潤
口感，而有油的戚風配方中，除了添加油脂外，還加入了較高比例的液態原料，
所以蛋糕組織會較鬆軟且濕潤。

布曬爾蛋糕

part C—1

模具尺寸 >>
烤盤墊白報紙備用

麵糊重量 >>
15g ／片

INGREDIENTS /

材料	實際用量（g）	實際百分比（%）
蛋白	90	35.5
細砂糖	45	17.8
塔塔粉	0.5	0.2
蛋黃	40	15.8
低筋麵粉	55	21.7
杏仁粉	23	9.1
總和	253.5	100.0

軟質巧克力餡 /

動物性鮮奶油	110 g
透明麥芽糖	25 g
蛋黃	20 g
無鹽奶油	10 g
苦甜巧克力	100 g

分量外食材 /

糖粉	適量

NOTE ‖

\# 布曬爾、淑女手指、達克瓦滋及牛粒都是類似之產品，而這些產品都可以做成偏蛋糕較鬆軟之口感，也可以做成偏餅乾之口感。此配方之布曬爾是偏向蛋糕口感，會較濕潤需冷藏，若要製作常溫可以放置的布曬爾，可減少蛋量至約 **40%**，並提高配方中之糖量及麵粉用量，同時也要將內餡換成常溫奶油餡。

延伸閱讀

更多此類配方可參考《餅乾研究室 I 》和《餅乾研究室 II 》書中有示範牛粒、達克瓦茲及蛋白杏仁餅，可以試著比較配方比例，則可以自由地調配配方比例。

RECIPE /

❶ 蛋白＋塔塔粉，以打蛋器打至約 5 分發，將細砂糖分 2 次加入，打至接近乾性發泡，加入蛋黃持續打發至表面紋路不會消失的狀態。

❷ 低筋麵粉＋杏仁粉過篩加入，拌勻成麵糊。

❸ 鐵盤鋪白報紙，將麵糊裝入直徑 1 cm 之平口花嘴擠花袋→擠出直徑約 5 cm 之圓形（此配方約可擠出 16 個）→表面撒糖粉→入爐。

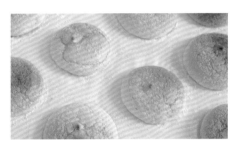

 上火 200℃ | 下火 180℃

中下層 | 不旋風

約烤 9~10 mins

❹　出爐移出烤盤置於冷卻架→冷卻。

* | 布曬爾蛋糕的麵糊會消泡，所以用 **42L** 烤箱一次烘焙。此配方中實際用量已降至最低，蛋白量
若再少，操作上不易打發。

--- **製作軟質巧克力**

❺　蛋黃＋麥芽糖拌勻，動物
性鮮奶油煮滾加入，拌勻，
隔水加熱至 85℃，加入苦
甜巧克力拌至融化均勻，
再加入無鹽奶油拌勻，移
入冰箱冷藏，冰鎮後取出
打發使用。

❻　取一片蛋糕→擠上軟質巧克力餡→蓋上另一片蛋糕即可。

焙茶布曬爾蛋糕

模具尺寸 >>

烤盤墊白報紙備用

麵糊重量 >>

15g ／片

INGREDIENTS /

材料	實際用量（g）	實際百分比（%）
蛋白	90	34.8
細砂糖	45	17.4
塔塔粉	0.5	0.2
蛋黃	40	15.5
低筋麵粉	55	21.3
焙茶粉	5	1.9
杏仁粉	23	8.9
總和	**258.5**	**100.0**

焙茶鮮奶油 /

植物性鮮奶油	100 g
焙茶粉	2 g

＊ 植物性鮮奶油＋焙茶粉
稍微拌勻，以打蛋器打至
所需發度即可。

分量外食材 /

糖粉　　　　　　適量

NOTE ‖

\# 此配方蛋比例（蛋白＋蛋黃）超過 **50**％，糖比例 **17.4**％偏低，所製作出之布曬爾
　口感較濕潤，夾入鮮奶油後經過冷藏存放，表面容易回潮，成品不適合長時間存
　放。若降低蛋比例、增加糖及麵粉之比例，讓蛋糕體水分下降，則可延長成品存
　放之效期。

RECIPE /

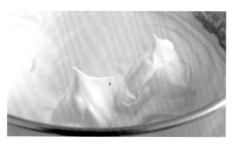

❶ 蛋白＋塔塔粉，以打蛋器打至約 5 分發，將細砂糖分 2 次加入，打至接近乾性發泡。

❷ 加入蛋黃。

❸ 持續打發至表面紋路不會消失的狀態。

❹ 低筋麵粉＋焙茶粉＋杏仁粉過篩加入，拌勻成麵糊。

❺　鐵盤鋪白報紙，將麵糊裝入直徑 1 cm 之平口花嘴擠花袋→擠出直徑約 5 cm 之圓形（此配方約可擠出 16 個）→表面撒糖粉→入爐。

上火 200℃ ｜ 下火 180℃

中下層 ｜ 不旋風

約烤 10~11 mins

❻　出爐移出烤盤置於冷卻架→冷卻。

*｜製作會消泡的產品要考量烤箱大小，若烤箱小無法一次烤焙，會造成大量耗損，因此這裡以 42L 烤箱製作。

❼　取一片蛋糕→擠上打發焙茶鮮奶油→蓋上另一片蛋糕即可。

香蕉巧克力鮮奶油蛋糕捲 *part C−1*

模具尺寸 >>

L 32 * W 22 * H 2.8 cm
鋪入白報紙備用

麵糊重量 >>

250 g

INGREDIENTS /

材料	實際用量（g）	實際百分比（%）
蛋白	100	36.9
細砂糖	55	20.3
塔塔粉	1	0.4
蛋黃	50	18.5
低筋麵粉	50	18.5
杏仁粉	5	1.8
可可粉	10	3.7
總和	271	100.0

巧克力鮮奶油 /

植物性鮮奶油	**180 g**
71％調溫黑巧克力	**40 g**

* 植物性鮮奶油＋調溫黑巧克力隔水加熱至巧克力完全融化，溫度不需太高，只需將巧克力融化的程度即可→帶鍋放入冰箱冷藏冰鎮→取出打發即可。

分量外食材 /

新鮮香蕉	適量

NOTE ‖

\# 可可粉是會讓麵糊消泡之食材，所以不適合使用在全蛋打發之蛋糕製作。通常此類無添加油脂及水分之配方，製作原味夏洛特蛋糕或添加焙茶之布雪爾（茶粉是可製作全蛋打發之蛋糕），都比較不會有消泡問題，此蛋糕麵糊加入可可粉後，就要秉持輕拌及快速之原則，才不會讓麵糊消泡液化，導致製作出紮實的蛋糕體。

\# 使用手持電動攪拌機打發鮮奶油的力度較弱，若用於巧克力鮮奶油之打發效果會更差，所以更要確保打發時之溫度，溫度太高則不容易打發，若一次打不發，將其冰回冷藏降溫後再取出打發，或隔冰盆降溫打發效果會較好。

RECIPE /

❶ 蛋白＋塔塔粉，以打蛋器打至約 5 分發。

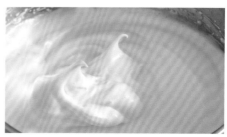

❷ 將細砂糖分 2 次加入，打至濕性發泡，

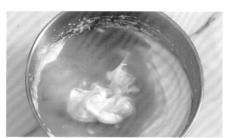

❸ 加入蛋黃，打發均勻。

❹ 低筋麵粉＋杏仁粉＋可可粉過篩加入。

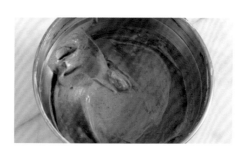

❺ 拌勻成麵糊。

6 將麵糊全部倒入烤盤→抹平→
敲泡→入爐。

上火 200℃ ｜ 下火 200℃

中層 ｜ 網架 ｜ 不旋風

約烤 10 mins

7 出爐將熱氣敲出→將蛋糕移出
烤盤置於冷卻架→將周圍白報
紙撕開→靜置冷卻。

8 待蛋糕冷卻→蓋上白報紙翻面→撕除白報紙再翻面（蛋糕要直向捲起）→於烤
面抹上打發的巧克力鮮奶油＊→擺上新鮮香蕉→捲起→將外圍白報紙捲緊放入
冰箱冷藏至定型即可。

＊ 靠近身體的部分鮮奶油可抹厚一點，
尾端的部分鮮奶油越薄越好，若太
厚捲到最後鮮奶油會溢出來。

夏洛特鮮果蛋糕捲

part C-1

模具尺寸 >>

L 32 ＊ W 22 ＊ H 2.8 cm
鋪入白報紙備用

麵糊重量 >>

260 g

INGREDIENTS /

材料	實際用量（g）	實際百分比（%）
蛋白	100	35.1
塔塔粉	1	0.4
細砂糖	67	23.5
蛋黃	50	17.5
低筋麵粉	67	23.5
總和	285	100.0

打發鮮奶油 /

植物性鮮奶油	**100 g**
動物性鮮奶油	**50 g**

＊ 植物性鮮奶油先以打蛋器確實打發，再慢慢分次加入動物性鮮奶油，每次加入確實打發後再加入下一次之動物性鮮奶油確實打發，直到加完為止。

分量外食材 /

新鮮黃金奇異果	適量（切條）
新鮮香蕉	適量（切條）
新鮮草莓	適量（一切四）
新鮮藍莓	適量

NOTE ‖

＃ 麵糊擠入烤盤時，線條與線條之間可以留微微的縫隙，烤焙後的線條紋路會比較明顯。

RECIPE /

❶ 蛋白＋塔塔粉，以打蛋器打至約 5 分發，將細砂糖分 2 次加入，打至接近乾性發泡，完成蛋白霜。

❷ 蛋白霜分 3 次加入蛋黃中，拌勻。

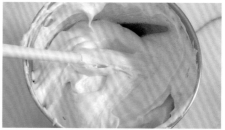

❸ 低筋麵粉過篩加入，拌勻成麵糊。

❹ 將麵糊裝入直徑 1 cm 之平口花嘴擠花袋→斜擠入烤盤→表面撒上糖粉→入爐。

上火 200℃ | 下火 200℃

中層 | 網架 | 不旋風

約烤 10 mins

❺ 出爐將熱氣敲出→將蛋糕移出烤盤置於冷卻架→將周圍白報紙撕開→靜置冷卻。

❻ 待蛋糕冷卻→蓋上白報紙翻面→撕除白報紙（蛋糕要直向捲起）→抹上打發鮮奶油＊→鋪上新鮮水果→捲起→將外圍白報紙捲緊放入冰箱冷藏至定型即可。

＊ 靠近身體的部分鮮奶油可抹厚一點，尾端的部分鮮奶油越薄越好，若太厚捲到最後鮮奶油會溢出來

原味奶油戚風

模具尺寸 >>	麵糊重量 >>
6 吋中空圓形蛋糕模	450 g

INGREDIENTS /

材料	實際用量（g）	實際百分比（%）
蛋黃	68	14.6
無鹽奶油	52	11.2
鮮奶	48	10.3
低筋麵粉	64	13.8
蛋白	136	29.2
塔塔粉	1	0.2
細砂糖	96	20.6
總和	465	100.0

＊ 無鹽奶油隔水加熱或直接以小火加熱至融化。

NOTE ‖

\# 蛋白霜之細砂糖用量超過蛋白量之 1/2 以上，建議砂糖分三次加入打發。

\# 有添加奶油之蛋黃糊，若蛋黃糊溫度下降和蛋白霜結合，則會有嚴重消泡之情形，烤出蛋糕組織會如右圖。蛋黃糊和蛋白霜結合時之溫度，基本要維持在 40℃ 以上，蛋白也建議不要使用冷藏蛋去打發。

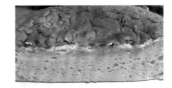

RECIPE /

❶ 蛋黃先打散，慢慢加入融化的無鹽
奶油以打蛋器拌至乳化均勻，再加
入鮮奶拌勻，隔水保溫在 40℃。

❷ 低筋麵粉過篩加入（此步驟在蛋白
霜快打發完成時再操作）。

❸ 拌勻，完成蛋黃糊。

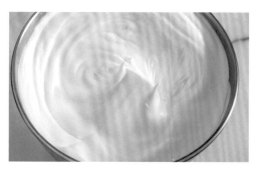

❹ 蛋白＋塔塔粉，以打蛋器打至約 5
分發，將細砂糖分 3 次加入，打至
半乾性發泡，完成蛋白霜。

⑤　將蛋白霜分 3 次加入蛋黃糊中。

⑥　拌勻成麵糊。

⑦　倒入中空戚風模→敲泡→用竹籤旋
　　繞麵糊使氣泡均勻→再敲泡→入
　　爐。

上火 200°C｜下火 190°C

中下層｜網架｜開旋風

約烤 30~33 mins

⑧　出爐將熱氣敲出→倒扣在酒瓶冷卻
　　→脫模即可。

咖啡奶油戚風

part C-2

模具尺寸 >>

6 吋中空圓形蛋糕模

麵糊重量 >>

450 g

INGREDIENTS /

材料	實際用量（g）	實際百分比（%）
蛋黃	72	15.3
細砂糖（A）	24	5.1
無鹽奶油	52	11.0
鮮奶	28	5.9
烘焙用咖啡粉	6	1.3
低筋麵粉	60	12.7
咖啡酒	12	2.5
蛋白	145	30.7
塔塔粉	1	0.2
細砂糖（B）	72	15.3
總和	**472**	**100.0**

NOTE ||

\# 蛋黃糊保溫時溫度不要過高，因蛋黃糊會熟化產生顆粒，若保溫溫度超過 50℃，麵糊表面容易結皮。

\# 若先加入低筋麵粉再保溫，表面很容易結皮，所以建議在蛋白霜打發完成後再加入低筋麵粉拌勻。

❶ 蛋黃＋細砂糖（A）＋融化的無鹽奶油，以打蛋器拌至乳化均勻。

❷ 再加入鮮奶拌勻。

❸ 加入烘焙用咖啡粉拌勻，隔水保溫在 40℃。

❹ 低筋麵粉過篩加入（此步驟在蛋白霜快打發完成時再操作），拌勻。

❺ 加入咖啡酒拌勻，完成蛋黃糊。

❻ 蛋白＋塔塔粉，以打蛋器打至約 5 分發。

❼ 將細砂糖（B）分 2 次加入，打至半乾性發泡，完成蛋白霜。

❽ 蛋白霜分 3 次加入蛋黃糊中，拌勻成麵糊。

❾ 倒入中空戚風模→敲泡

❿ 用竹籤旋繞麵糊使氣泡均勻→再敲泡→入爐。

上火 200℃ ｜ 下火 180℃
中下層 ｜ 網架 ｜ 開旋風
約烤 26 mins

⓫ 出爐將熱氣敲出。

⓬ 倒扣在酒瓶冷卻→脫模即可。

地瓜奶油戚風

part C−2

模具尺寸 >>

6 吋中空圓形蛋糕模

麵糊重量 >>

550 g

INGREDIENTS /

材料	實際用量（g）	實際百分比（%）
過篩地瓜泥	99	16.8
細砂糖（A）	9	1.5
蛋黃	72	12.2
無鹽奶油	72	12.2
鮮奶	36	6.1
低筋麵粉	72	12.2
蛋白	153	25.9
塔塔粉	1	0.2
細砂糖（B）	77	13.0
總和	591	100.0

＊ 無鹽奶油隔水加熱或直接以小火加熱至融化。

NOTE ||

\# 蛋糕配方中若要添加少量地瓜泥，不太需要調整蛋糕比例，直接加入即可。隨著添加比例增加，地瓜中的澱粉增加，麵糊相對會變乾，會影響到蛋糕膨脹度及口感，此時就要適當減少配方中低筋麵粉的用量來對應。

\# 地瓜泥是使用新鮮地瓜蒸熟過篩即成，也可至市面上購買現蒸或現烤地瓜。但要注意，不要購買蒸烤過久、水分散失過多之地瓜，加入蛋黃糊會較乾，蛋糕組織會較紮實，膨脹度會較差。

RECIPE /

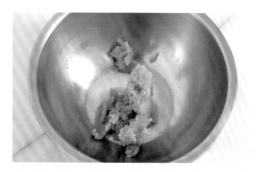

❶ 過篩地瓜泥＋細砂糖（A），以打蛋器拌勻。

❷ 蛋黃分 2 次加入拌勻。

❸ 無鹽奶油加熱融化，加入拌勻。

❹ 再加入鮮奶拌勻，隔水保溫在 40℃。

❺ 低筋麵粉過篩加入（此步驟在蛋白霜快打發完成時再操作），拌勻，完成蛋黃糊。

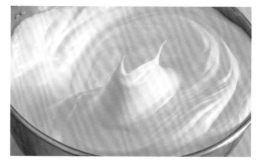

❻ 蛋白＋塔塔粉，以打蛋器打至約 5 分發，將細砂糖（B）分 2 次加入，打至半乾性發泡，完成蛋白霜。

❼ 將蛋白霜分 3 次加入蛋黃糊中。

❽ 拌勻成麵糊。

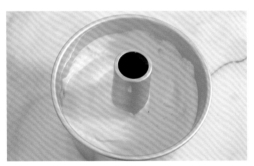

❾ 倒入中空戚風模→敲泡→用竹籤旋繞麵糊使氣泡均勻→再敲泡→入爐。

上火 200°C | 下火 190°C

中下層 | 網架 | 開旋風

約烤 33 mins

❿ 出爐將熱氣敲出→倒扣在酒瓶冷卻→脫模即可。

香蕉戚風蛋糕

模具尺寸 >>

6 吋中空圓形蛋糕模

麵糊重量 >>

450 g

INGREDIENTS /

材料	實際用量（g）	實際百分比（%）
蛋黃	75	15.2
香蕉泥	75	15.2
無鹽奶油	48	9.8
鮮奶	27	5.5
低筋麵粉	72	14.6
蛋白	129	26.2
塔塔粉	1	0.2
細砂糖	65	13.2
總和	492	100.0

＊ 無鹽奶油隔水加熱或直接以小火加熱至融化。

RECIPE /

❶ 蛋黃先打散，香蕉泥過篩加入，以打蛋器攪拌均勻。

❷ 無鹽奶油加熱融化，加入拌勻。

❸ 鮮奶加入拌勻。

❹ 隔水保溫在 40℃。

❺ 低筋麵粉過篩加入（此步驟在蛋白霜快打發完成時再操作），拌勻，完成蛋黃糊。

❻ 蛋白＋塔塔粉，以打蛋器打至約 5 分發，將細砂糖分 2 次加入，打至半乾性發泡，完成蛋白霜。

❼ 將蛋白霜分 3 次加入蛋黃糊中。

8　拌勻成麵糊。

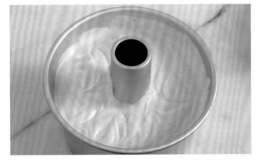

9　倒入中空戚風模→敲泡→用竹籤旋繞麵糊使氣泡均勻→再敲泡→入爐。

上火 200°C ｜ 下火 190°C

中下層 ｜ 網架 ｜ 開旋風

約烤 30 mins

10　出爐將熱氣敲出→倒扣在酒瓶冷卻→脫模即可。

NOTE ‖

\# 蛋糕麵糊配方中若要加入香蕉，配方中之油脂及水分可減少，也可減少些許砂糖對應。通常戚風蛋糕配方比例中，油脂、水分、細砂糖在戚風蛋糕中可接受的添加量範圍較大，所以若不刻意調整也是可以成功製作出蛋糕。

\# 但必須注意的是低筋麵粉的添加量。若以磅蛋糕低筋麵粉的實際百分比為 **25**％，添加香蕉泥後的低筋麵粉之實際百分比也要維持在 **25**％。若以本書戚風蛋糕麵粉實際百分比以 **15**％為基準，添加香蕉泥後的麵粉實際百分比也要約在 **15**％，麵粉實際百分比一旦過低，對蛋糕的品質會有明顯的改變。

柳橙戚風蛋糕

模具尺寸 >>	麵糊重量 >>
6 吋中空圓形蛋糕模	460 g

INGREDIENTS /

材料	實際用量（g）	實際百分比（%）
蛋黃	65	13.5
無鹽奶油	50	10.4
柳橙果醬	26	5.4
新鮮柳橙汁	37	7.7
柳橙皮醬	46	9.5
低筋麵粉	66	13.7
蛋白	130	26.9
塔塔粉	1	0.2
細砂糖	62	12.8
總和	483	100.0

＊ 無鹽奶油隔水加熱或直接以小火加熱至融化。

RECIPE /

❶ 蛋黃先打散，慢慢加入融化的無鹽奶油，以打蛋器拌至乳化均勻。

❷ 柳橙果醬＋新鮮柳橙汁＋柳橙皮醬加入拌勻。

❸　隔水保溫在 42℃。

❹　低筋麵粉過篩加入（此步驟在蛋白
　　霜快打發完成時再操作），拌勻，
　　完成蛋黃糊。

❺　蛋白＋塔塔粉，以打蛋器打至約 5
　　分發，將細砂糖分 2 次加入，打至
　　半乾性發泡，完成蛋白霜。

❻　將蛋白霜分 3 次加入蛋黃糊中。

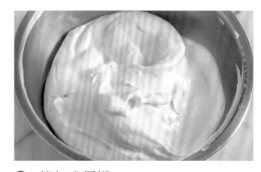

❼　拌勻成麵糊。

❽ 倒入中空戚風模→敲泡→以竹籤旋
繞麵糊使氣泡均勻→再敲泡→入
爐。

 32L 上火 190°C｜下火 180°C

中下層｜網架｜開旋風

約烤 28 mins

❾ 出爐將熱氣敲出→倒扣在酒瓶冷卻
→脫模即可。

 **NOTE** ‖

＃ 柳橙果醬要選擇成分單純，內容以柳橙及砂糖為主，香氣較濃郁之果醬。市售有些果醬有添加
香料及色素…等，成分較為複雜，添加入配方中變數較大，若是單純以柳橙及砂糖為主之成分，
添加入配方中則就直接對應減少砂糖之用量。

＃ 柳橙皮醬是挑選日本製的糖漬柳橙皮絲（需冷藏），醃漬糖液並不像果醬如此黏稠，整體狀態
像是較濕潤、糖度較低之果乾，添加目的主要為增加果皮的香氣及口感。烘焙材料行還有販售
其他類型之柳橙皮醬，但可選擇果皮比例較多之原料來製作。

檸檬戚風蛋糕

part C-2

模具尺寸 >>

6 吋中空圓形蛋糕模

麵糊重量 >>

550 g

INGREDIENTS /

材料	實際用量（g）	實際百分比（%）
蛋黃	110	18.2
無鹽奶油	60	9.9
鮮奶	25	4.1
新鮮檸檬汁	35	5.8
低筋麵粉	80	13.2
糖漬檸檬皮醬	35	5.8
蛋白	170	28.1
塔塔粉	1	0.2
細砂糖	90	14.9
總和	606	100.0

* 無鹽奶油隔水加熱或直接以小火加熱至融化。

 **NOTE** ‖

麵粉快拌勻時再加入糖漬檸檬皮，檸檬皮的香氣較不會分散，香氣口感會較明顯。

加入檸檬汁的麵糊膨脹度會較差，在相同配方結構下，添加檸檬汁之麵糊所填入模具中之重量需較多，成品才能達到相同體積。

製作戚風蛋糕若烤焙完成之蛋糕體重量過重，倒扣冷卻時蛋糕體有可能會掉下來，所以可提高配方中蛋之比例，以增加整體麵糊膨脹力，也不要使用蛋比例較低之配方來製作檸檬風味的戚風蛋糕體。

RECIPE /

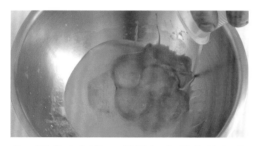

① 蛋黃先打散，慢慢加入融化的無鹽奶油，以打蛋器拌至乳化均勻。

② 加入鮮奶和檸檬汁拌勻。

③ 隔水加熱保溫在 40℃。

④ 低筋麵粉過篩加入（此步驟在蛋白霜快打發完成時再操作）

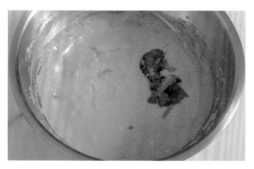

⑤ 拌至快均勻再加入糖漬檸檬皮，拌勻，完成蛋黃糊。

⑥ 蛋白＋塔塔粉，以打蛋器打至約 5 分發，將細砂糖分 2 次加入，打至半乾性發泡，完成蛋白霜。

❼　將蛋白霜分 3 次加入蛋黃糊中。

❽　拌勻成麵糊。

❾　倒入中空戚風模→敲泡→以竹籤旋
　　繞麵糊使氣泡均勻→再敲泡→入
　　爐。

　32L　上火 190℃｜下火 180℃

中下層｜網架｜開旋風

約烤 30 mins

❿　出爐將熱氣敲出→倒扣在酒瓶冷卻
　　→脫模即可。

紅豆豆乳戚風

模具尺寸 >>

6 吋中空圓形蛋糕模

麵糊重量 >>

450 g

INGREDIENTS /

材料	實際用量（g）	實際百分比（%）
自製紅豆泥	75	15.7
蛋黃	60	12.6
無糖豆漿	30	6.3
無鹽奶油	60	12.6
低筋麵粉	60	12.6
蛋白	128	26.8
塔塔粉	1	0.2
二砂糖	64	13.4
總和	478	100.0

* 自製紅豆餡：參閱 P. 145。

* 無鹽奶油隔水加熱或直接以小火加熱至融化。

 **NOTE** ‖

\# 自製紅豆餡成分只使用紅豆和二砂糖煮製而成，若購買市售紅豆餡，可能會有添加油脂，若使用有添加油脂之紅豆餡製作，蛋糕組織會再更濕一些，若覺得太濕可再減少配方中油脂之用量。另外也要考慮是否為純紅豆餡，會影響蛋糕之香氣及色澤。

\# 戚風蛋糕中若有添加澱粉類之食材，如：地瓜泥或紅豆泥……等，都會降低麵糊之膨脹度，一旦添加入配方之食材過乾，則會降低蛋糕膨脹度。若要添加這類澱粉類食材，可能要注意食材水分、甜度或有無油脂成分，來進行配方調整。

RECIPE /

❶ 蛋黃先打散，加入自製紅豆泥，以打蛋器攪拌均勻。

❷ 加入無糖豆漿，拌勻。

❸ 無鹽奶油加熱融化，加入拌勻。

❹ 隔水保溫在 40℃。

❺ 低筋麵粉過篩加入（此步驟在蛋白霜快打發完成時再操作），拌勻，完成蛋黃糊。

❻ 蛋白＋塔塔粉，以打蛋器打至約 5 分發，將二砂糖分 2 次加入，打至半乾性發泡，完成蛋白霜。

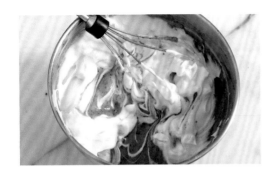

❼ 將蛋白霜分 3 次加入蛋黃糊中。

❽ 拌勻成麵糊。

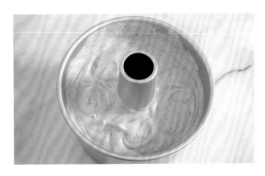

❾ 將麵糊倒入中空戚風模→敲泡→用
竹籤旋繞麵糊使氣泡均勻→再敲泡
→入爐。

上火 200°C｜下火 190°C

中層｜網架｜開旋風

約烤 27~28 mins

❿ 出爐將熱氣敲出→倒扣在酒瓶冷卻
→脫模即可。

炭焙烏龍茶香戚風

part C-2

模具尺寸 >>	麵糊重量 >>
6 吋中空圓形蛋糕模	450 g

INGREDIENTS /

材料	實際用量（g）	實際百分比（%）
蛋黃	80	16.9
沙拉油	51	10.8
水	37	7.8
梅酒	12	2.5
低筋麵粉	61	12.9
炭焙烏龍茶粉	12	2.5
蛋白	145	30.7
塔塔粉	1	0.2
細砂糖	74	15.6
總和	**473**	**100.0**

NOTE ‖

\# 示範時使用一般家庭常用的 **32** 公升烤箱。因為中空戚風蛋糕模較高，蛋糕在烤焙膨脹後，蛋糕表面會離烤箱頂部加熱管太近，越接近加熱管的部分，烤焙顏色會較深，所以此時可使用旋風功能，讓蛋糕的表面上色度更均勻。

\# 酒可用白蘭地或蘭姆酒取代，或直接不添加酒類也可以，配方不需調整。

part C-2 — 中空模戚風 ——

RECIPE /

❶ 蛋黃先打散，慢慢加入沙拉油，以
打蛋器拌至乳化均勻。

❷ 加入水和梅酒拌勻。

❸ 低筋麵粉、炭焙烏龍茶粉，過篩後
加入。

❹ 拌勻，完成蛋黃糊。

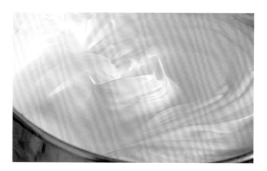

❺ 蛋白＋塔塔粉，以打蛋器打至約 5
分發，將細砂糖分 2 次加入，打至
半乾性發泡，完成蛋白霜。

❻　將蛋白霜分 3 次加入蛋黃糊中。

❼　拌勻成麵糊。

❽　將麵糊倒入中空戚風模→敲泡→以
　　竹籤旋繞麵糊使氣泡均勻→再敲泡
　　→入爐。

上火 200℃ ∣ 下火 180℃

中下層 ∣ 網架 ∣ 開旋風

約烤 26 mins

❾　出爐將熱氣敲出→倒扣於酒瓶冷卻
　　→脫模即可。

鬆軟戚風蛋糕

模具尺寸 >>	麵糊重量 >>
6 吋中空圓形蛋糕模	450 g

INGREDIENTS /

材料	實際用量（g）	實際百分比（%）
蛋黃	88	17.5
沙拉油	56	11.1
水	40	8.0
低筋麵粉	82	16.3
蛋白	158	31.4
塔塔粉	1	0.2
細砂糖	78	15.5
總和	503	100.0

RECIPE /

❶ 蛋黃先以打蛋器微微打發，加入沙拉油拌打至乳化。

❷ 水慢慢加入，邊以打蛋器打至乳化均勻。

❸　低筋麵粉過篩加入，拌勻。

❹　完成蛋黃糊。

❺　蛋白＋塔塔粉，以打蛋器打至約 5
分發，將細砂糖分 2 次加入，打至
半乾性發泡，完成蛋白霜。

❻　將蛋白霜分 2 次加入蛋黃糊中。

❼　拌勻成麵糊。

8　將麵糊倒入中空戚風模→敲泡→用
竹籤旋繞麵糊使氣泡均勻→敲泡→
入爐。

上火 200℃ ∣ 下火 200℃

中下層 ∣ 網架 ∣ 開旋風

約烤 33 mins

9　出爐將熱氣敲出→倒扣於酒瓶冷卻
→脫模即可。

 **NOTE** ∥

\#　鬆軟戚風蛋糕的蛋比例比較高，而糖比例與原味奶油戚風或咖啡奶油戚風……等，以無鹽奶油
製作之中空戚風蛋糕相比，鬆軟戚風蛋糕的糖比例較低，口感相較之下較為輕盈鬆軟。

\#　蛋糕的綿密度或孔洞均勻度是評斷蛋糕糕品質的標準，如果是配方中蛋比例較高的戚風蛋糕，
蛋實際百分比約在 **50**％左右，再搭配上比例較少的水。如本配方中的水，實際百分比為 **8**％或
者再更低的水量，攪拌完成麵糊的抱氣性能力是高的，即使入爐前所做的敲泡動作，也無法將
空氣完全敲出，若再搭配竹籤旋繞麵糊，麵糊中所含的大氣泡就能更均勻一些。

無麩質米戚風蛋糕

模具尺寸 >>	麵糊重量 >>
6 吋中空圓形蛋糕模	450 g

INGREDIENTS /

材料	實際用量（g）	實際百分比（%）
蛋黃	83	17.3
沙拉油	54	11.2
水	38	7.9
蓬萊米粉	81	16.8
蛋白	149	31.0
塔塔粉	1	0.2
細砂糖	75	15.6
總和	481	100.0

RECIPE /

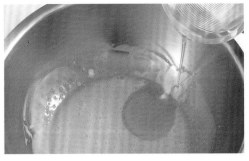

❶ 蛋黃先以打蛋器微微打發，加入沙拉油拌打至乳化。

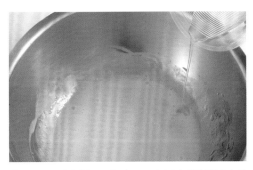

❷ 接著慢慢加入水，邊以打蛋器打至乳化拌勻。

❸　蓬萊米粉過篩加入，拌勻。

❹　完成蛋黃糊。

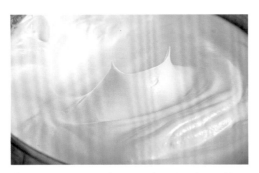

❺　蛋白＋塔塔粉，以打蛋器打至約 5 分發，將細砂糖分 2 次加入，打至半乾性發泡，完成蛋白霜。

❻　將蛋白霜分 3 次加入蛋黃糊中。

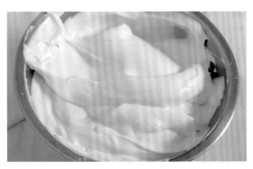

❼　拌勻成麵糊。

❽　將麵糊倒入中空戚風模→敲泡→用
竹籤旋繞麵糊使氣泡均勻→再敲泡
入爐。

 32L

上火 200°C｜下火 190°C

中下層｜網架｜開旋風

約烤 33 mins

❾　出爐將熱氣敲出→倒扣在酒瓶冷卻
→脫模即可。

 **NOTE ‖**

\#　蓬萊米粉可等比例替換成低筋麵粉，但製作出的蛋糕組織相較下會較軟，替換時要掌握兩點原
則：①烘烤要足夠，差異才不會太大。②配方中粉的實際百分比不要低於 **15%**，若粉量太低又
使用蓬萊米粉，蛋糕組織會更軟。

草莓鮮奶油蛋糕

part C-3

模具尺寸 >>	麵糊重量 >>
8 吋圓形活動蛋糕模	450 g

INGREDIENTS /

材料	實際用量（g）	實際百分比（%）
蛋黃	70	15.0
沙拉油	55	11.8
新鮮柳橙汁	10	2.1
水	50	10.7
低筋麵粉	70	15.0
蛋白	140	30.1
塔塔粉	0.5	0.1
細砂糖	70	15.0
總和	**465.5**	**100.0**

打發鮮奶油 /

植物性鮮奶油	**300 g**
動物性鮮奶油	**150 g**

＊植物性鮮奶油先以打蛋器確實打發，再慢慢分次加入動物性鮮奶油，每次加入確實打發後再加入下一次之動物性鮮奶油確實打發，直到加完為止。

裝飾用食材 /

新鮮草莓	適量
新鮮藍莓	適量
金色食用糖珠	適量
防潮糖粉	適量

如何「打發鮮奶油」

打發鮮奶油常用於蛋糕表面裝飾或夾餡使用，使用植物性鮮奶油容易打發，硬挺度也高，非常適合擠花，但動物性鮮奶油的風味更佳，所以本書使用的打發鮮奶油則將兩者中和，以植物性鮮奶油：動物性鮮奶油＝「2：1」的比例打發使用。操作時，先將植物性鮮奶油打發，再緩緩加入動物性鮮奶油打發至所需發度即可。

一般打到拉起不滴落，尖角有彎勾狀時約為 7 分發，適合塗抹於蛋糕表面裝飾；打到拉起尖角不下垂，呈硬挺狀時約為 9 分發，適合當作夾餡或擠花使用。

| 打發鮮奶油時要注意 |

＊工具乾淨且乾燥，不可沾到水分或油脂。

＊保持低溫避免油水分離。使用保冷性佳的不鏽鋼盆，事先將工具放入冰箱冷藏冰鎮，打發時可在鋼盆底部墊一盆冰塊水，幫助鮮奶油低溫打發。

RECIPE / 奶油戚風蛋糕體

❶ 蛋黃＋沙拉油，以打蛋器打至乳化拌勻。

❷ 柳橙汁＋水混合均勻，加入拌勻。

❸ 低筋麵粉過篩加入，拌勻，完成蛋黃糊。

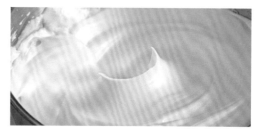

❹ 蛋白＋塔塔粉，以打蛋器打至約 5 分發，將細砂糖分 2 次加入，打至半乾性發泡，完成蛋白霜。

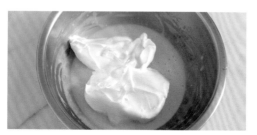

❺ 將蛋白霜分 3 次加入蛋黃糊中。

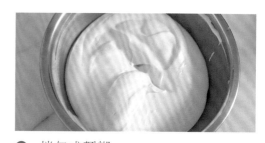

❻ 拌勻成麵糊。

❼ 將麵糊倒入蛋糕模→敲泡→入爐。

上火 200℃ ｜下火 190℃

中下層｜網架｜開旋風

約烤 35 mins

❽ 出爐將熱氣敲出→倒扣冷卻→脫模即可。

RECIPE / 組合

1	2	3
4	5	6
7	8	9
10	11	12

❶ 奶油戚風蛋糕體以鋸齒刀均切成三片。1.2.

❷ 第一片蛋糕以抹刀抹一層打發鮮奶油→擺上新鮮草莓片→再抹一層打發鮮奶油。3.4.

❸ 疊第二片蛋糕→重複步驟2，夾入第二層餡料→疊第三片蛋糕。5.6.

❹ 依序在頂部、側面抹上鮮奶油→以抹刀抹平→側面用抹刀隨意抹出線條。7.8.9.

❺ 將打發鮮奶油裝入花嘴擠花袋，於頂部外圍擠一圈奶油花裝飾→側面也點綴一些→
擺上新鮮草莓和藍莓→側面點綴金色食用糖球→撒上防潮糖粉即可。10.11.12.

 **NOTE**

\# 戚風蛋糕要製作成鮮奶油蛋糕，基本上
會將蛋糕分切成三片，夾入兩層餡料，
表面會抹上打發鮮奶油和放上裝飾物。
若戚風蛋糕體太過柔軟，支撐度不足，
很容易變形，外觀整體的俐落度就會下
降。要製作有支撐度的蛋糕，麵粉的實
際百分比不要低於 15%，若麵粉再往下
降，蛋糕很容易因外部壓力造成變形。
但若麵粉百分比超過 20%，蛋糕烤焙膨
脹脹度會變差，口感也會略顯較乾。

\# 配方中的油及糖都有增加蛋糕保濕度的功效，
糖會比油更有利於蛋糕膨脹支撐度，所以配方
中糖量也不要低於 15%，若是油脂用量太高，
蛋糕支撐度不會較好，觸摸表面可能會有油膩
感。所以若希望蛋糕不要容易變形，如本書中
的中空戚風蛋糕，切片後放置隔天也不希望有
太明顯的收縮，糖量與粉量（包含澱粉量，如
添加地瓜或紅豆泥）之中取其一，比例稍微拉
高，若兩者比例都拉高，蛋糕可能會有過乾之
可能。

p.220-222 >> 藍莓戚風蛋糕

p.223-225　>>　黑森林蛋糕

藍莓戚風蛋糕

模具尺寸 >>

6 吋圓形活動蛋糕模

麵糊重量 >>

250 g

INGREDIENTS /

材料	實際用量（g）	實際百分比（%）
蛋黃	42	15.1
天然藍莓粉	7	2.5
沙拉油	27	9.7
100％蔓越莓汁	30	10.8
低筋麵粉	40	14.4
玉米粉	4	1.4
蛋白	85	30.6
塔塔粉	0.5	0.2
細砂糖	42	15.1
總和	**277.5**	**100.0**

打發鮮奶油 /

植物性鮮奶油	**200 g**
動物性鮮奶油	**100 g**

＊ 植物性鮮奶油先以打蛋器確實打發，再慢慢分次加入動物性鮮奶油，每次加入確實打發後再加入下一次之動物性鮮奶油確實打發，直到加完為止。

藍莓鮮奶油 /

植物性鮮奶油	**50 g**
天然藍莓粉	**3 g**

＊ 植物性鮮奶油＋天然藍莓粉稍微拌勻，以打蛋器打至所需發度即可。

裝飾用食材 /

新鮮藍莓	適量
防潮糖粉	適量

NOTE ‖

\# 蛋糕中間夾層可夾入帶果粒的藍莓果醬，或是將藍莓果醬拌入些許打發鮮奶油夾入，都可更增加藍莓特色及風味。

RECIPE / 藍莓戚風蛋糕體

❶　蛋黃＋藍莓粉，攪拌均勻。

❷　加入沙拉油，以打蛋器打至乳化拌勻。

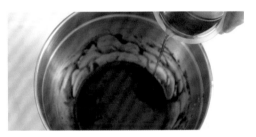

❸　蔓越梅汁加入拌勻。

❹　低筋麵粉＋玉米粉過篩加入。

❺　拌勻，完成蛋黃糊。

❻　蛋白＋塔塔粉，以打蛋器打至約 5 分發，將細砂糖分 2 次加入，打至半乾性發泡，完成蛋白霜。

❼　將蛋白霜分 3 次加入蛋黃糊中。

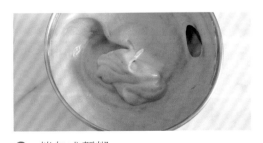

❽　拌勻成麵糊。

<table>
<tr><td></td><td></td><td>上火 200℃｜下火 190℃</td></tr>
</table>

上火 200℃｜下火 190℃

中下層｜帶鐵盤預熱｜不旋風

約烤 20~21 mins

9 將麵糊倒入蛋糕模→敲泡→入爐。

10 出爐將熱氣敲出→倒扣冷卻→脫模即可。

RECIPE / 組合

1	2	3
4	5	6
7	8	9
10	11	

❶ 藍莓戚風蛋糕體以鋸齒刀均切成三片。1.2.

❷ 第一片蛋糕以抹刀抹一層打發鮮奶油→疊第二片蛋糕→抹一層打發鮮奶油→疊第三片蛋糕。3.4.5.

❸ 依序在蛋糕頂部、側面抹上鮮奶油→以抹刀修飾抹平。6.7.8.

❹ 將藍莓鮮奶油裝入擠花袋，擠在表面裝飾→擺上新鮮藍莓→撒上防潮糖粉即可。9.10.11.

黑森林蛋糕

part C–3

模具尺寸 >>	麵糊重量 >>
8 吋圓形活動蛋糕模	450 g

INGREDIENTS /

材料	實際用量（g）	實際百分比（%）
沙拉油	54	11.3
可可粉	18	3.8
蛋黃	78	16.3
水	43	9.0
細砂糖（A）	17	3.5
低筋麵粉	64	13.3
蛋白	137	28.5
塔塔粉	1	0.2
細砂糖（B）	68	14.2
總和	480	100.0

* 此可可戚風蛋糕體除了是黑森林蛋糕基底外，也用於 **P. 228** 提拉米蘇蛋糕。

打發鮮奶油 /

植物性鮮奶油	300 g
動物性鮮奶油	150 g

* 植物性鮮奶油先以打蛋器確實打發，再慢慢分次加入動物性鮮奶油，每次加入確實打發後再加入下一次之動物性鮮奶油確實打發，直到加完為止。

蛋糕酒糖液 /

櫻桃罐糖水	70 g
蘭姆酒	30 g

* 混合均勻備用。

裝飾用食材 /

黑櫻桃罐頭	1 罐
巧克力碎屑	適量
新鮮草莓	適量

* 黑櫻桃罐頭瀝乾備用，瀝出的櫻桃糖液留下於酒糖液使用。

 **NOTE** ‖

\# 製作夾餡的鮮奶油蛋糕，若戚風蛋糕體冷卻後直接取出切片、夾餡及抹面，蛋糕體會太軟，建議可以冰入冰箱冷藏或冷凍，抹面作業較好操作。作業完成的鮮奶油蛋糕也可冰入冷藏定型，分切時也比較不易變形。

RECIPE / 可可戚風蛋糕體

❶ 沙拉油以中小火加熱至出現油紋，熄火，加入可可粉拌勻。

❷ 蛋黃先打散，加入作法 1 可可沙拉油拌勻。

❸ 再加入水拌勻。

❹ 細砂糖（A）加入拌勻，低筋麵粉過篩加入。

❺ 拌勻，完成蛋黃糊。

❻ 蛋白＋塔塔粉，以打蛋器打至約 5 分發，將細砂糖（B）分 2 次加入，打至半乾性發泡，完成蛋白霜。

❼ 將蛋白霜分 3 次加入蛋黃糊中。

❽ 拌勻成麵糊。

上火 200℃ ｜ 下火 180℃

中下層 ｜ 網架 ｜ 不旋風

約烤 30 mins

❾　將麵糊倒入蛋糕模→敲泡→入爐。

❿　出爐將熱氣敲出→倒扣冷卻→脫模
　　即可。

RECIPE / 組合

1	2	3
4	5	6
7	8	9
10	11	12

❶ 可可戚風蛋糕體以鋸齒刀均切成三片→第一片蛋糕均勻刷上酒糖液→抹一層打發
　鮮奶油→放上黑櫻桃→再抹一層鮮奶油。1.2.3.

❷ 疊第二片蛋糕→重複步驟 1 夾入第二層餡料→蓋上第三片蛋糕片。4.5.6.

❸ 第三層蛋糕片表面刷酒糖液→依序在蛋糕頂部、側面抹上打發鮮奶油→以抹刀修
　飾抹平→於蛋糕表面沾附巧克力碎屑。7.8.9.

❹ 蛋糕表面以小抹刀或筷子戳 6 個小洞→擠上打發鮮奶油→放上新鮮草莓→撒上防
　潮糖粉即可。10.11.12.

<< p.223-225 可可戚風蛋糕

p.228-230　>>　提拉米蘇蛋糕

提拉米蘇蛋糕

模具尺寸 >>

8 吋慕斯框 ×2 個

慕斯重量 >>

500 g ／個

INGREDIENTS /

材料	實際用量（g）	實際百分比（%）
奶油乳酪	150	13.8
馬斯卡邦乳酪	150	13.8
細砂糖	90	8.3
蛋黃	40	3.7
鮮奶	45	4.1
吉利丁片	5 片	
動物性鮮奶油	600	55.3
咖啡酒	10	0.9
總和	**1085**	**100.0**

* 奶油乳酪放室溫軟化備用
* 吉利丁片泡冰水，軟化後瀝乾備用
* 動物鮮奶油打至 8 分發，冷藏備用

蛋糕體 /

8 吋可可戚風蛋糕	**1 個**

* 蛋糕材料＆作法見
　P. 223-225

（1 個蛋糕體可完成 2 個
提拉米蘇）

咖啡酒糖液 /

黑咖啡	50 g
細砂糖	10 g
咖啡酒	50 g

* 混合均勻備用。

裝飾用食材 /

防潮可可粉	適量

NOTE ‖

\# 慕斯要拌入鮮奶油前，需將其冷卻。溫度太高拌入打發鮮奶油，慕斯會太水，流動性很高，化口性會稍差；若冷卻溫度太低，吉利丁凝結，有拌不開之可能性。

\# 製作慕斯都會拌入打發鮮奶油。鮮奶油打得比較發（示範做法中將鮮奶油打至 8 分，算是打得比較發），拌好的慕斯流動性比較低，因為空氣含量較多，慕斯體積相對較大，化口性會較好。鮮奶油打得比較不發，製作出的慕斯會比較細緻，慕斯冷凍後的組織會較緊密結實，兩種做法都可以，再依其個人喜好選擇。

RECIPE /

❶　奶油乳酪以打蛋器打軟，加入馬斯卡邦乳酪打勻。

❷　細砂糖＋蛋黃＋鮮奶，攪拌均勻後，隔水加熱至 90℃，加入擠乾水分的吉利丁片攪拌融化。

❸　加入步驟 1 中拌勻，隔冰塊水冷卻至約 20℃。

❹　打發動物性鮮奶油分 3 次加入步驟 3 中，攪拌均勻，加入咖啡酒拌勻，完成乳酪慕斯。

1	2	3
4	5	6
7	8	9
10	11	12

RECIPE / 組合

❶ 可可戚風蛋糕體以鋸齒刀均切成六片→慕斯框底部墊烤焙紙和烤盤→鋪第一片可可戚風蛋糕。1.2.3.

❷ 蛋糕體刷上咖啡酒糖液→填入乳酪慕斯→蓋上第二片可可戚風蛋糕。4.5.6.

❸ 重複步驟 5 夾入第二層乳酪慕斯→在第三片可可戚風蛋糕上再刷咖啡酒糖液→表面抹一層薄薄的乳酪慕斯→抹平→移入冰箱冷凍至凝固。7.8.9.

❹ 取出→以噴槍加熱慕斯框邊緣→ 脫框→表面撒上防潮可可粉即可。10.11.12.

7% 巧克力覆盆子蛋糕

part C-3

模具尺寸 >>	麵糊重量 >>
6 吋圓形活動蛋糕模	280 g

INGREDIENTS /

材料	實際用量（g）	實際百分比（%）
鮮奶	28	8.8
沙拉油	34	10.7
細砂糖	11	3.5
可可粉	11	3.5
低筋麵粉	30	9.4
苦甜巧克力	22	6.9
蛋黃	50	15.7
蛋白	88	27.6
塔塔粉	0.5	0.2
細砂糖	44	13.8
總和	318.5	100.0

軟質巧克力 /

動物性鮮奶油	110 g
透明麥芽糖	25 g
蛋黃	20 g
無鹽奶油	10 g
苦甜巧克力	100 g

覆盆子鮮奶油 /

動物性鮮奶油	60 g
植物性鮮奶油	60 g
天然覆盆子粉	7 g

* 植物性鮮奶油＋天然覆盆子粉稍微拌勻，以打蛋器打發，再緩緩加入動物性鮮奶油打至所需發度。

分量外食材 /

新鮮草莓	適量
食用金箔	少許

RECIPE / 7% 巧克力戚風蛋糕體

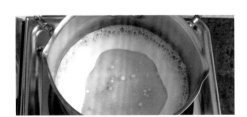

❶　鮮奶＋沙拉油＋細砂糖，煮滾沖入可可粉中拌勻。

❷ 加入苦甜巧克力拌勻，再加入蛋黃拌勻，隔水保溫在 40℃。

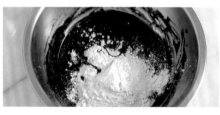
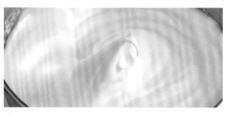

❸ 低筋麵粉過篩加入（此步驟在蛋白霜快打發完成時再操作），拌勻，完成蛋黃糊。

❹ 蛋白＋塔塔粉，以打蛋器打至約 5 分發，細砂糖分 2 次加入，打至濕性發泡，完成蛋白霜。

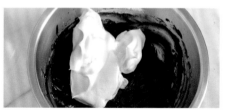

❺ 將蛋白霜分 3 次加入蛋黃糊中，拌勻成麵糊。

上火 190℃｜下火 180℃
中下層｜網架｜不旋風
約烤 26 mins

❻ 將麵糊倒入戚風模中→敲泡→入爐。

❼ 出爐倒扣冷卻→脫模→完成 7％巧克力戚風蛋糕體。

RECIPE / 組合

❶ 7％巧克力戚風蛋糕均切成兩片→第一片蛋糕抹上覆盆子鮮奶油→擺滿對切的新鮮草莓→再抹一層覆盆子鮮奶油→蓋上第二片蛋糕→移入冰箱冷藏備用。

製作軟質巧克力

❷ 蛋黃＋麥芽糖拌勻，動物性鮮奶油煮滾加入，拌勻，隔水加熱至 85℃，加入苦甜巧克力拌至融化均勻，再加入無鹽奶油拌勻，冷卻至以刮刀劃表面紋路不會消失之程度。

❸ 將軟質巧克力抹在蛋糕表面→以刮刀撥出波浪紋→點綴少許食用金箔→冷藏定型即可。

 **NOTE** ‖

\# 蛋黃糊與蛋白霜結合之溫度不要低於 **40℃**，也不要使用冷藏蛋白打發。麵糊溫度過低蛋糕則會有消泡之情形。在冬天或冷氣房製作，可能要再提高些許溫度。

\# 軟質巧克力在離開冷藏，或在夏日的室溫置放過久，會有微微融化之情況，若希望軟質巧克力不受溫度影響產生變化，可在上述配方中加入些許吉利丁片（建議可加入約 **1g** 之吉利丁片），將其泡水擠乾，在加入苦甜巧克力前加入攪拌溶解。

\# 打發鮮奶油時，若不夠低溫則有打不發之可能，尤其上述之覆盆子鮮奶油材料分量太少，倒入鍋中溫度很容易上升，最好墊冰塊水盆進行打發。

原味波士頓派

模具尺寸 >>	麵糊重量 >>
8 吋派盤備用	380 g

INGREDIENTS /

材料	實際用量（g）	實際百分比（%）
蛋白（A）	16	3.9
蛋黃	68	16.6
細砂糖（A）	8	1.9
沙拉油	48	11.7
鮮奶	32	7.8
低筋麵粉	64	15.6
玉米粉	6.4	1.6
蛋白（B）	112	27.3
塔塔粉	0.4	0.1
細砂糖（B）	56	13.6
總和	**410.8**	**100.0**

打發鮮奶油 /

植物性鮮奶油	150 g
動物性鮮奶油	75 g

＊ 植物性鮮奶油先以打蛋器確實打發，再慢慢分次加入動物性鮮奶油，每次加入確實打發後再加入下一次之動物性鮮奶油確實打發，直到加完為止。

分量外食材 /

防潮糖粉	適量

NOTE ‖

\# 可使用兩個同款式之馬克杯或罐頭，先用派盤事先量好兩個馬克杯之距離，出爐則可直接倒扣冷卻。

\# 蛋糕烤焙不足或底火溫度太低，倒扣冷卻時蛋糕會掉下來。若底火溫度太強，烤焙時膨脹度會很大，但出爐冷卻後蛋糕收縮會較劇烈，表面皺褶會很明顯。

RECIPE /

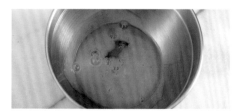

❶ 蛋黃＋蛋白（A），以打蛋器先打散。

❷ 細砂糖（A）加入打勻，慢慢加入沙拉油拌勻，再加入鮮奶拌勻。低筋麵粉＋玉米粉過篩加入，拌勻，完成蛋黃糊。

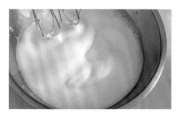 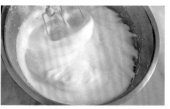 

❸ 蛋白（B）＋塔塔粉，以打蛋器打至約 5 分發，將細砂糖（B）分 2 次加入，打至半乾性發泡，完成蛋白霜。

 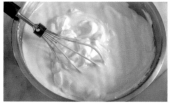 

❹ 將蛋白霜分 3 次加入蛋黃糊中，拌勻成麵糊。

❺　將麵糊倒入 8 吋派盤中→敲泡→以軟刮板將表面抹圓→入爐。

上火 210°C｜下火 170°C

中下層｜帶鐵盤預熱｜不旋風

約烤 28 mins

❻　出爐將熱氣敲出。

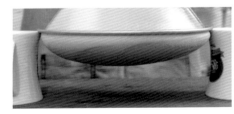

❼　倒扣冷卻→翻回正面將蛋糕對半切開→脫模。

❽　蛋糕體夾入打發鮮奶油→表面再抹一層打發鮮奶油→撒上防潮糖粉即可。

巧克力波士頓派

part C–3

模具尺寸 >>	麵糊重量 >>
8 吋派盤備用	380 g

INGREDIENTS /

材料	實際用量（g）	實際百分比（%）
沙拉油	48	11.5
可可粉	16	3.8
細砂糖（A）	8	1.9
蛋黃	68	16.3
蛋白（A）	16	3.8
鮮奶	40	9.6
低筋麵粉	46	11.0
玉米粉	6	1.4
蛋白（B）	112	26.9
塔塔粉	1	0.2
細砂糖（B）	56	13.4
總和	**417**	**100.0**

打發鮮奶油 /

植物性鮮奶油	150 g
動物性鮮奶油	75 g

＊植物性鮮奶油先以打蛋器確實打發，再慢慢分次加入動物性鮮奶油，每次加入確實打發後再加入下一次之動物性鮮奶油確實打發，直到加完為止。

分量外食材 /

防潮糖粉	適量

NOTE ‖

\# 植物性鮮奶油穩定性較高，但甜度固定，所以會加入動物性鮮奶油打發，降低糖度及提升風味，若不想準備兩種鮮奶油，就二擇一使用。

\# 使用桌上型攪拌機打發鮮奶油力度較強，打發速度較快，若使用手持電動攪拌機打發鮮奶油，一定要注意鮮奶油溫度是否夠低，一旦溫度上升，很容易會有打不發之情形。

RECIPE /

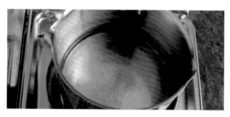

❶ 沙拉油以中小火加熱至出現油紋，熄火，加入可可粉拌勻，再加入細砂糖（A）拌勻。

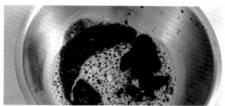

❷ 蛋黃＋蛋白（A）＋鮮奶，攪拌均勻，將步驟1沖入拌勻。

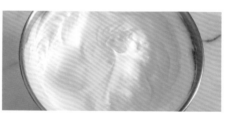

❸ 低筋麵粉＋玉米粉過篩加入，攪拌均勻，完成蛋黃糊。

❹ 蛋白（B）＋塔塔粉，以打蛋器打至約5分發，將細砂糖（B）分2次加入，打至半乾性發泡，完成蛋白霜。

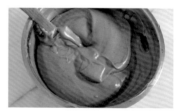

❺ 將蛋白霜分3次加入蛋黃糊中，拌勻成麵糊。

❻ 將麵糊倒入 8 吋派盤中→
　敲泡→以軟刮板將表面抹
　圓→入爐。

上火 210℃ | 下火 170℃

中下層 | 帶鐵盤預熱 | 不旋風

約烤 27 mins

❼　出爐將熱氣敲出。

❽　倒扣冷卻→翻回正面將蛋糕對半切開→脫模。

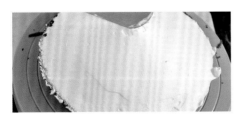

❾　蛋糕體夾入打發鮮奶油→撒上防潮糖粉即可。

古早味起司蛋糕

part C−3

模具尺寸 >>

L 22 ＊ W 22 ＊ H 7.5 cm
鋪入白報紙備用

麵糊重量 >>

770 g

INGREDIENTS /

材料	實際用量（g）	實際百分比（%）
鮮奶	100	12.4
沙拉油	45	5.6
細砂糖（A）	15	1.9
鹽	2	0.2
低筋麵粉	115	14.2
玉米粉	15	1.9
蛋黃	155	19.2
蛋白	240	29.7
塔塔粉	2	0.2
細砂糖（B）	120	14.8
總和	**809**	**100.0**

分量外食材 /

起司片	4 片
帕瑪森起司粉	適量

NOTE ‖

\# 家庭式烤箱控溫能力及溫度穩定性不及商業用之烤箱，所以使用家用烤箱所設定之上火
及下火溫差較大，如此配方建議設定之溫度溫差過大，建議要讓烤箱從冷卻狀態開始預
熱，溫度會較貼近設定溫度。

RECICPE /

❶ 鮮奶＋沙拉油＋細砂糖（A）＋
鹽，以中小火煮滾。

❷ 沖入已過篩之低筋麵粉和玉米
粉中，攪拌均勻。

❸ 蛋黃分 2 次加入拌勻，完成蛋黃糊。

❹ 蛋白＋塔塔粉，以打蛋器打至
約 5 分發，細砂糖（B）分 2 次
加入，打至濕性發泡，完成蛋
白霜。

❺　將蛋白霜分 3 次加入蛋黃糊中，拌勻成麵糊。

❻　將一半的麵糊倒入模中→抹平→鋪上起司片→倒入剩餘麵糊→抹平→敲泡→撒上帕瑪森起司粉→入爐。

上火 175℃｜下火 100℃

最下層｜網架｜不旋風

約烤 70 mins

❼　烤至 40 分鐘時將模具轉 90 度（讓原本在烤箱前後兩側，轉變為在烤箱左右兩側）→出爐將熱氣敲出→抓住兩側白報紙將蛋糕取出移至冷卻架上→翻面取下白報紙後再翻面冷卻即可。

古早味咖啡核桃蛋糕

part C-3

模具尺寸 >>

L 22 ＊ W 22 ＊ H 7.5 cm
鋪入白報紙備用

麵糊重量 >>

800 g

INGREDIENTS /

材料	實際用量（g）	實際百分比（%）
鮮奶	80	9.7
沙拉油	45	5.4
細砂糖（A）	26	3.1
烘焙用咖啡粉	15	1.8
低筋麵粉	115	13.9
玉米粉	10	1.2
貝禮詩奶酒	20	2.4
蛋黃	155	18.7
蛋白	240	29.0
塔塔粉	2	0.2
細砂糖（B）	120	14.5
總和	**828**	**100.0**

分量外食材 /

1/8 核桃	適量

NOTE ‖

\# 配方中若油的添加比例偏低，蛋與糖的比例就不宜過低，否則蛋糕的口感有可能
　會偏乾。

RECITE /

1 鮮奶＋沙拉油＋細砂糖（A），以中小火煮滾，加入烘焙用咖啡粉拌至融勻。

2 沖入過篩之低筋麵粉和玉米粉中，攪拌均勻。

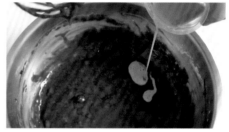

3 蛋黃分 2 次加入拌勻，加入貝禮詩奶酒拌勻，完成蛋黃糊。

4 蛋白＋塔塔粉，以打蛋器打至約 5 分發，將細砂糖（B）分 2 次加入，打至濕性發泡，完成蛋白霜。

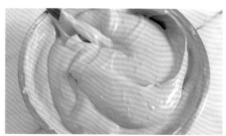

❺　將蛋白霜分 3 次加入蛋黃糊中，拌勻成麵糊。

❻　將麵糊倒入模中→抹平→敲泡
　　→撒上核桃→入爐。

上火 180℃｜下火 100℃

最下層｜網架｜不旋風

約烤 70 mins

❼　烤至 40 分鐘時將模具轉 90 度（讓原本在烤箱前後兩側，轉變為在
　　烤箱左右兩側）→出爐將熱氣敲出→抓住兩側白報紙將蛋糕取出移
　　至冷卻架上→翻面取下白報紙後再翻面冷卻即可。

草莓戚風生乳捲

模具尺寸 >>

L 32 ＊ W 22 ＊ H 2.8 cm
鋪入白報紙備用

麵糊重量 >>

480 g

INGREDIENTS /

材料	實際用量（g）	實際 百分比（%）
蛋黃	115	23.0
蜂蜜	15	3.0
沙拉油	20	4.0
鮮奶	50	10.0
低筋麵粉	70	14.0
玉米粉	5	1.0
蛋白	150	29.9
塔塔粉	1	0.2
細砂糖	75	15.0
總和	**501**	**100.0**

打發鮮奶油 /

植物性鮮奶油	100 g
動物性鮮奶油	50 g

＊ 植物性鮮奶油先以打蛋器確實打發，再慢慢分次加入動物性鮮奶油，每次加入確實打發後再加入下一次之動物性鮮奶油確實打發，直到加完為止。

分量外食材 /

新鮮草莓	適量

NOTE ‖

\# 麵糊若在烤焙過程中膨脹太過劇烈，出爐冷卻後收縮，表面則容易有皺摺，蛋糕捲起後表面會較不美觀。

RECIPE /

❶ 蛋黃先打散，加入蜂蜜拌勻，再依序慢慢加入沙拉油和鮮奶，邊以打蛋器打至乳化拌勻。

❷ 低筋麵粉＋玉米粉過篩加入。

❸ 攪拌均勻，完成蛋黃糊。

❹ 蛋白＋塔塔粉，以打蛋器打至約 5 分發，將細砂糖分 2 次加入，打至半乾性發泡，完成蛋白霜。

❺ 將蛋白霜分 3 次加入蛋黃糊中，拌勻成麵糊。

❻　將麵糊全部倒入烤盤→抹平→
　　敲泡→入爐。

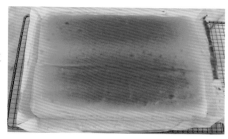

上火 210℃｜下火 180℃

中下層｜網架｜不旋風

約烤 19 mins

❼　出爐將熱氣敲出→將蛋糕移出烤盤置於冷卻架→將周圍白報紙撕開
　　→靜置冷卻。

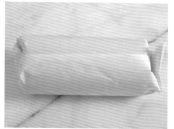

❽　待蛋糕冷卻→蓋上白報紙翻面→撕除白報紙（蛋糕要直向捲起）→抹上打發鮮
　　奶油＊→鋪上切半草莓→捲起→將外圍白報紙捲緊放入冰箱冷藏至定型即可。

＊　靠近身體的部分鮮奶油可抹厚一點，
　　尾端的部分鮮奶油越薄越好，若太
　　厚捲到最後鮮奶油會溢出來。

芒果巧克力生乳捲

part C-4

模具尺寸 >>

L 32 * W 22 * H 2.8 cm
鋪入白報紙備用

麵糊重量 >>

480 g

INGREDIENTS /

材料	實際用量（g）	實際百分比（%）
鮮奶	50	9.9
沙拉油	25	4.9
可可粉	20	4.0
蛋黃	115	22.7
蜂蜜	15	3.0
低筋麵粉	55	10.9
蛋白	150	29.6
塔塔粉	1	0.2
細砂糖	75	14.8
總和	**506**	**100.0**

打發鮮奶油 /

植物性鮮奶油	100 g
動物性鮮奶油	50 g

* 植物性鮮奶油先以打蛋器確實打發，再慢慢分次加入動物性鮮奶油，每次加入確實打發後再加入下一次之動物性鮮奶油確實打發，直到加完為止。

分量外食材 /

新鮮芒果	適量（切條）

NOTE ||

\# 製作生乳捲或是中間捲入大量鮮奶油的蛋糕捲，蛋糕體就不要過於濕潤。本配方降低油脂用量（實際百分比 **4.9%**），整體蛋糕口感會較乾爽，搭配大量鮮奶油，口感才不會過於濕膩。

RECIPE /

❶ 鮮奶＋沙拉油煮滾。

❷ 沖入可可粉中，拌勻。

❸ 加入蛋黃和蜂蜜，拌勻。

❹ 加入低筋麵粉拌勻，完成蛋黃糊。

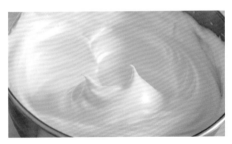

❺ 蛋白＋塔塔粉，以打蛋器打至約 5 分發，將細砂糖分 2 次加入，打至半乾性發泡，完成蛋白霜。

❻ 將蛋白霜分 3 次加入蛋黃糊中。

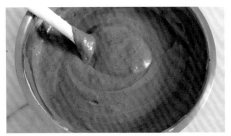

❼　拌勻成麵糊。

❽　將麵糊全部倒入烤盤→抹平→
　　敲泡→入爐。

上火 210℃ | 下火 180℃

中下層 | 網架 | 不旋風

約烤 19 mins

❾　出爐將熱氣敲出→將蛋糕移出烤盤
　　置於冷卻架→將周圍白報紙撕開→
　　靜置冷卻。

❿　待蛋糕冷卻→蓋上白報紙翻面→撕除白報紙（蛋糕要直向捲起）→
　　抹上打發鮮奶油＊→鋪上切條芒果→捲起→將外圍白報紙捲緊放入
　　冰箱冷藏至定型即可。

＊　靠近身體的部分鮮奶油可抹厚一點，尾端的
　　部分鮮奶油越薄越好，若太厚捲到最後鮮奶
　　油會溢出來。

虎皮蛋糕捲

模具尺寸 >>

L 32 ＊ W 22 ＊ H 2.8 cm
鋪入白報紙備用 ×2 個

麵糊重量 >>

戚風 380 g
虎皮 150 g

INGREDIENTS /

[戚風蛋糕體]

材料	實際用量（g）	實際百分比（%）
蛋黃	56	13.9
細砂糖（A）	28	7.0
鹽	1	0.2
沙拉油	44	10.9
鮮奶	32	8.0
低筋麵粉	64	15.9
蜂蜜	8	2.0
蛋白	112	27.9
塔塔粉	1	0.2
細砂糖（B）	56	13.9
總和	402	100.0

[虎皮]

材料	實際用量（g）	實際百分比（%）
蛋黃	110	65.1
細砂糖	37	21.9
玉米粉	22	13.0
總和	169	100.0

奶油霜 /

蛋白	45 g
糖粉	90 g
無鹽奶油	200 g
白油	120 g

＊ 奶油霜未使用完，可置放於陰涼處或冷藏保存，冷藏取出將其打發後則可再使用，若想要製作常溫奶油霜，可將無鹽奶油改為人造奶油，打發後之奶油霜會更加穩定。

＊ 虎皮蛋糕麵糊量較少，進行打發的效果會較差，可選擇小一點之鋼盆或碗公，打發效果會較好。

NOTE ‖

\# 市售戚風類蛋糕，如虎皮蛋糕、三角蛋糕……等，會進行常溫販售，或烘焙坊販售之野餐盒中也會出現，若遇到夏天溫度較高，很容易會發霉，因此在製作這類蛋糕時，可降低配方中之水分，提高糖及油脂之用量，可讓蛋糕的保存性更好。

❶ 蛋黃先打散，加入蜂蜜、細砂糖（A）及鹽，以打蛋器攪打至細砂糖融化，緩緩加入沙拉油拌至乳化均勻，再加入鮮奶拌勻。

❷ 低筋麵粉過篩加入，拌勻完成蛋黃糊。

❸ 蛋白＋塔塔粉，以打蛋器打至約 5 分發，將細砂糖（B）分 2 次加入，打至半乾性發泡，完成蛋白霜。

❹ 將蛋白霜分 3 次加入蛋黃糊中，拌勻成麵糊。

上火 180℃ ｜ 下火 160℃

中層 ｜ 網架 ｜ 不旋風

約烤 16 mins

❺ 將麵糊倒入烤盤→抹平→敲泡→入爐。

❻ 出爐將熱氣敲出→將蛋糕移出烤盤置於冷卻架→將周圍白報紙撕開→靜置冷卻。

製作虎皮

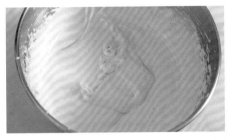 

❼　將蛋黃打散加入細砂糖及玉米粉打發至無流動性→倒入烤盤→抹平
　　→入爐。

 上火 220℃ | 下火 180℃

最上層 | 網架 | 不旋風

約烤 8 mins

❽　出爐→蛋糕移出烤盤置於冷卻架→將周圍白報紙撕開→靜置冷卻。

製作奶油霜

❾　蛋白＋糖粉拌勻→隔水加熱
　　至 85℃→以打蛋器打發。

❿　加入室溫軟化的無鹽奶油和
　　白油，繼續打發均勻即完成。

組合

⓫　虎皮直向蓋上白報紙翻面→撕除白報紙→抹上奶油霜→蓋上戚風蛋糕體＊→
　　抹上奶油霜→捲起→將外圍白報紙捲緊→放入冰箱冷藏至定型即可。

＊ | 蛋糕只需 2/3 部份重疊，1/3 沒重疊之戚風蛋糕置於靠近身體這端。

芋頭鮮奶蛋糕捲

part C–4

模具尺寸 >>

L 32 ＊ W 22 ＊ H 2.8 cm
鋪入白報紙備用

麵糊重量 >>

380 g

INGREDIENTS /

材料	實際用量（g）	實際百分比（%）
沙拉油	49	12.3
低筋麵粉	65	16.3
細砂糖（A）	24	6.0
鹽	2	0.5
鮮奶	56	14.0
蛋黃	45	11.3
蛋白	106	26.5
塔塔粉	1	0.3
細砂糖（B）	52	13.0
總和	**400**	**100.0**

芋頭奶油餡 /

新鮮芋頭	350 g
細砂糖	55 g
鹽	1 g
無鹽奶油	21 g
植物性鮮奶油	85 g
動物性鮮奶油	85 g
白蘭地	6 g

NOTE ‖

\# 此配方以燙麵方式製作麵糊，配方中蛋的比例為 **37.8**%（蛋黃＋蛋白合計），是本書中蛋比例最低之戚風蛋糕，雖然蛋比例過低會影響到蛋糕的口感，但透過燙麵步驟，可使麵粉糊化，提高蛋糕的化口性及濕潤度。

\# 在低蛋比例的配方中，要注意砂糖用量不宜過低，否則蛋糕的化口性會變差。

RECIPE / 芋頭奶油餡

❶ 新鮮芋頭切約 1cm 厚片，放入電鍋蒸軟至以手指可輕易將芋頭壓碎之程度。

❷ 取出趁熱拌入細砂糖和鹽，再拌入無鹽奶油，靜置到完全冷卻。

❸ 植物性鮮奶油先以打蛋器確實打發，分次加入動物性鮮奶油打發，拌入芋頭泥，再加入白蘭地拌勻，冷藏備用即可。

RECIPE / 戚風蛋糕體－燙麵

❶ 沙拉油以中小火加熱至 100℃，沖入低筋麵粉中，攪拌均勻。

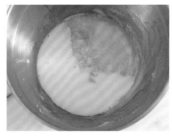

❷ 加入細砂糖（A）、鹽及鮮奶，拌勻，加入蛋黃攪拌均勻，完成蛋黃糊。

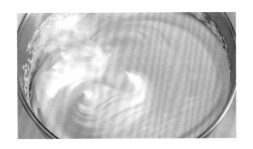

❸ 蛋白＋塔塔粉，以打蛋器打至約 5 分發，將細砂糖（B）分 2 次加入，打至接近乾性發泡，完成蛋白霜。

 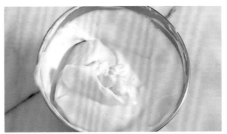

❹ 將蛋白霜分 3 次加入蛋黃糊中，拌勻成麵糊。

32L
上火 180℃｜下火 160℃

中層｜網架｜不旋風

約烤 15 mins

❺ 將麵糊倒入烤盤→抹平→敲泡→入爐。

❻ 出爐將熱氣敲出→將蛋糕移出烤盤置於冷卻架→將周圍白報紙撕開→靜置冷卻。

❼ 蛋糕蓋上白報紙翻面→撕除白報紙 x 再翻面→於烤面抹上芋頭奶油餡＊→捲起→將外圍白報紙捲緊→放入冰箱冷藏至定型即可。

＊｜靠近身體的部分鮮奶油可抹厚一點，尾端越薄越好，若太厚捲到最後芋頭奶油餡會溢出來。

鵝油蔥花肉鬆捲蛋糕

模具尺寸 >>

L 32 ＊ W 22 ＊ H 2.8 cm
鋪入白報紙備用

麵糊重量 >>

390 g

INGREDIENTS /

材料	實際用量（g）	實際百分比（%）
鮮奶	40	9.7
沙拉油	22	5.4
鵝油蔥酥	35	8.5
鹽	2	0.5
蛋黃	70	17.0
低筋麵粉	78	19.0
蛋白	125	30.4
塔塔粉	1	0.2
細砂糖	38	9.2
總和	**411**	**100.0**

鹹蔥花 /

新鮮蔥花	適量
鹽	適量
沙拉油	適量
全蛋液	適量

分量外食材 /

白芝麻	適量
美乃滋	適量
肉鬆	適量

RECIPE / 鹹蔥花

蔥花依序撒少許鹽抓勻→沙拉油加入拌勻→全蛋液拌勻即可。

» 不需強調鹹度，少量鹽即可，太多鹽會使蔥花出太多水。

» 沙拉油只需讓青蔥表面都有沾到即可，不需添加過多，會滲入碗底。

» 全蛋液添加量也只需讓蔥花表面都有沾裹到全蛋液即可，功能是要幫助蔥花附著在蛋糕表面。

RECIPE / 戚風蛋糕體

❶ 鮮奶＋沙拉油＋鵝油蔥酥＋鹽，以中小火加熱至沸騰後，徐徐沖入蛋黃中拌打至乳化均勻。

❷ 低筋麵粉過篩加入，攪拌均勻，完成蛋黃糊。

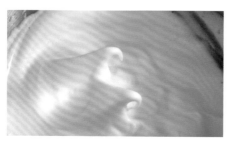

❸ 蛋白＋塔塔粉，以打蛋器打至約 5 分發，將細砂糖一次加入，打至半乾性發泡，完成蛋白霜。

❹ 將蛋白霜分 3 次加入蛋黃糊中。

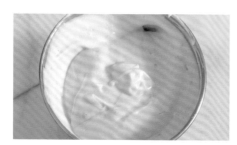

❺ 拌勻成麵糊。

❻ 麵糊倒入烤盤→抹平→敲泡→撒上鹹蔥花和白芝麻→入爐。

上火 210°C | 下火 180°C

中層 | 網架 | 不旋風

約烤 16 mins

❼　出爐將熱氣敲出→蛋糕移出烤
　　盤置於冷卻架→將周圍白報紙
　　撕開→靜置冷卻。

❽　蛋糕蓋上白報紙翻面→撕除白報紙（蛋糕要橫向捲起）→均勻抹上
　　沙拉醬→撒上肉鬆→捲起→將外圍白報紙捲緊定型。

❾　分切→切面兩端抹上沙拉醬→沾上肉鬆即可。

 **NOTE** ‖

在戚風蛋糕實驗室，細砂糖添加最少量（細砂糖實際為 7%）。此配方是本書示範食
　譜中含糖量最低的配方，添加量為 **9.2%**。減少糖用量會使蛋糕烤焙膨脹度變差。但
　若配方中砂糖用量降低，油脂用量就不要再減少，若兩者一併減少，蛋糕體會過乾，
　捲蛋糕時可能會裂掉，蛋糕表面也會缺乏光澤度。

鵝油蔥酥可在一般超市買到，也可使用豬油蔥酥取代。在秤鵝油蔥酥前，要先將鵝油
　蔥酥攪拌均勻，因為蔥酥會沉在瓶底，要平均取出蔥酥及鵝油的量。

乳酪蛋糕 / CHEESE CAKE

乳酪蛋糕食譜中，從添加量 10％所製作的乳酪戚風蛋糕，到 60％的重乳酪蛋糕，
利用奶油乳酪添加比例的不同及攪拌方式的差異，來變化蛋糕的口感及綿密度。

10％乳酪戚風蛋糕

part D

模具尺寸 >>

6 吋中空圓形蛋糕模

麵糊重量 >>

450 g

INGREDIENTS /

材料	實際用量（g）	實際百分比（%）
奶油乳酪	51	10.6
酸奶	22	4.5
鮮奶	42	8.7
無鹽奶油	38	7.8
蛋黃	68	14.0
低筋麵粉	46	9.5
玉米粉	13	2.7
蛋白	136	28.0
塔塔粉	1	0.2
細砂糖	68	14.0
總和	**485**	**100.0**

＊ 奶油乳酪置於室溫完全退冰備用。

＊ 無鹽奶油放在室溫軟化備用。

NOTE ‖

\# 此配方奶油乳酪用量較少，將其裝入耐熱塑膠袋壓平，放入溫水中，很快就會軟化，若放入鋼盆隔水加熱，奶油乳酪反而很容易會結粒不均勻。

\# 製作乳酪蛋糕時，奶油乳酪若結粒，乳酪無法百分之百融入蛋糕麵糊中，對於蛋糕風味及組織都會有影響。

RECIPE /

❶ 奶油乳酪放入耐熱塑膠袋壓平,放入溫水中加熱軟化,打開塑膠袋加入酸奶,隔塑膠袋搓揉均勻,取出,刮入鋼盆中,加入鮮奶,隔水加熱拌勻。

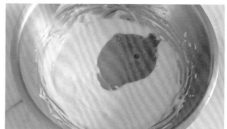

❷ 軟化的無鹽奶油加入拌勻,再加入蛋黃拌勻,隔水保溫在 42℃。

❸ 低筋麵粉＋玉米粉過篩加入(此步驟在蛋白霜快打發完成時再操作),拌勻完成蛋黃糊。

❹ 蛋白＋塔塔粉,以打蛋器打至約 5 分發,將細砂糖分 2 次加入,打至半乾性發泡,完成蛋白霜。

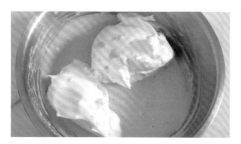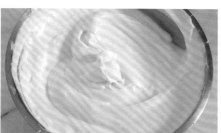

⑤ 蛋白霜分 3 次加入蛋黃糊中，拌勻成麵糊。

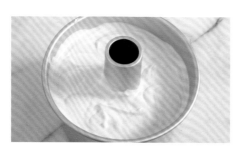

⑥ 倒入中空戚風模→敲泡→用竹籤旋繞麵糊使氣泡均勻→再敲泡→入爐。

 32L

上火 190°C ｜ 下火 190°C

中下層 ｜ 網架 ｜ 開旋風

約烤 26 mins

⑦ 出爐將熱氣敲出→倒扣在酒瓶冷卻→脫模即可。

25% 輕乳酪蛋糕

模具尺寸 >>

8 吋圓形固定蛋糕模
鋪入底紙和圍邊紙（圍邊紙高度不要超過模具）

麵糊重量 >>

790 g

* 準備 8 吋圓蛋糕厚紙底板，和 7 吋圓蛋糕厚紙底板各 1 個（7 吋底板用 8 吋大約裁剪即可，亦可使用活動戚風模之底片），脫模用。

INGREDIENTS /

材料	實際用量（g）	實際百分比（%）
奶油乳酪	200	24.9
鮮奶	130	16.1
無鹽奶油	55	6.8
蛋黃	105	13.0
低筋麵粉	15	1.9
玉米粉	25	3.1
蛋白	170	21.1
塔塔粉	1	0.1
細砂糖	105	13.0
總和	806	100.0

* 奶油乳酪置於室溫完全退冰備用。

* 無鹽奶油隔水加熱或直接以小火加熱至融化。

RECIPE /

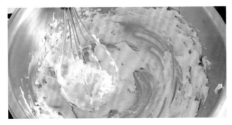

❶ 奶油乳酪打軟至質地均勻。

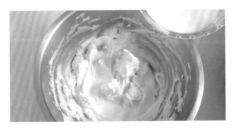

❷ 鮮奶分 3 次加入，拌至均勻。

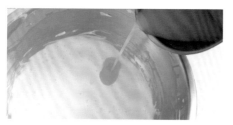

❸ 加入融化的無鹽奶油拌勻。

❹ 再加入蛋黃拌勻。

❺ 低筋麵粉＋玉米粉過篩加入拌勻，完成蛋黃糊，隔水加熱保溫於 42℃（與蛋白霜結合溫度不可低於 40℃）。

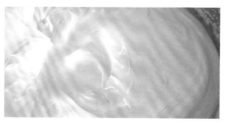

❻ 蛋白＋塔塔粉，以打蛋器打至約 5 分發，將細砂糖分 2 次加入，打至濕性發泡，完成蛋白霜。

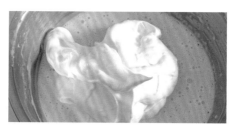

❼ 蛋白霜分 3 次加入蛋黃糊中。

❽ 拌勻成麵糊。

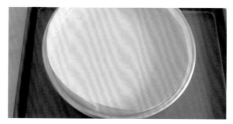

❾ 將麵糊倒入模具中→敲泡→放在深烤盤上。

⑩　深烤盤加水→入爐。

  32L

上火 210°C｜下火 130°C	上火 150°C｜下火 0°C
中層｜網架｜不旋風	中層｜網架｜不旋風
約烤 60 mins	約烤 40 mins

⑪　第二段烤焙過程，烤盤水不可乾掉。

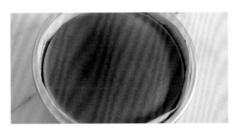 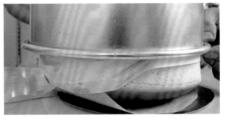

⑫　出爐輕輕將熱氣敲出→降溫到手可以摸模具之程度。

⑬　用 7 吋厚紙底板放置蛋糕表面，以手托住表面倒扣脫模→撕除底紙，蓋上 8 吋厚紙底板→翻回正面→撕除圍邊紙即可。

NOTE ‖

\# 配方中添加無鹽奶油，蛋黃糊拌入蛋白霜時，溫度要保持。若溫度太低，蛋糕組織會變不細緻，烤焙過程蛋糕面會爆裂。麵糊拌合溫度若不足，麵糊融合度會變差，烤焙著色不均勻，相同條件烤焙，上色度較深。

\# 奶油乳酪要放置室溫完全退冰，此時狀態經攪拌後質地較均勻。若在冷藏狀態直接隔水加熱，外圍乳酪一經加熱會變很軟，而內部質地相對較硬，內外軟硬度相差大，一經攪拌內部乳酪會變小顆粒狀，反而攪不散，如此再加其他材料也不會和小顆粒融合，麵糊融合度會變差，蛋糕品質也會被影響。

\# 圍邊紙要使用烤焙紙，不要用白報紙，使用白報紙在撕除時容易把部分蛋糕也一併撕除。

\# 蛋糕脫模時，可用小刀在圍邊紙與烤模間畫一圈，若圍邊紙與模具之附著力太高，會影響脫模之順暢度，可在模具抹上薄薄一層油，會較好脫模。

60%重乳酪蛋糕

part D

模具尺寸 >>

8 吋圓形固定蛋糕模
鋪入底紙和圍邊紙（圍邊紙高度不要超過模具）

* 準備 8 吋圓蛋糕厚紙底板，和 7 吋圓蛋糕厚紙底板各 1 個（7 吋底板用 8 吋大約裁剪即可，亦可使用活動戚風模之底片），脫模用。

麵糊重量 >>

980 g

INGREDIENTS /

材料	實際用量（g）	實際百分比（%）
奶油乳酪	600	59.9
檸檬汁	12	1.2
蛋黃	85	8.5
蛋白	170	17.0
塔塔粉	1	0.1
細砂糖	133	13.3
總和	**1001**	**100.0**

* 奶油乳酪置於室溫完全退冰備用。

NOTE ‖

\# 奶油乳酪只需放置室溫至完全退冰，不需隔水加熱。

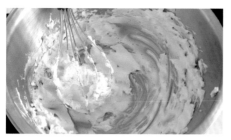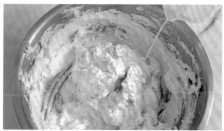

❶ 奶油乳酪打軟至質地均勻，檸檬汁加入拌勻。

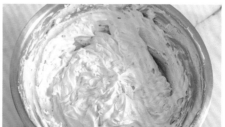

❷ 蛋黃加入拌勻，完成蛋黃糊。

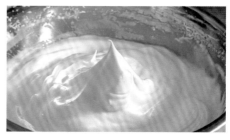

❸ 蛋白＋塔塔粉，以打蛋器打至約 5 分發，將細砂糖分 3 次加入，打至接近乾性發泡，完成蛋白霜。

④　蛋白霜分 3 次加入蛋黃糊中，拌勻成麵糊。

⑤　將麵糊倒入模具中→敲泡→表面用刮板抹平。

上火 220℃ ∣ 下火 120℃

中層 ∣ 網架 ∣ 不旋風

約烤 90 mins

⑥　放在深烤盤上→深烤盤加水→入爐。出爐輕輕將熱氣敲出→降溫到手可以摸模具之程度→用 7 吋厚紙底板放置蛋糕表面，以手托住表面倒扣脫模→撕除底紙，蓋上 8 吋厚紙底板→翻回正面→撕除圍邊紙即可。

藍莓重乳酪蛋糕

模具尺寸 >>

L 18 ＊ W 18 ＊ H 5 cm 慕斯框
底部用鋁箔紙包起來，放在烤盤上備用

麵糊重量 >>

850 g

INGREDIENTS /

[乳酪蛋糕體]

材料	實際用量（g）	實際百分比（%）
奶油乳酪	500	57.1
細砂糖	130	14.9
玉米粉	27	3.1
無鹽奶油	28	3.2
全蛋液	165	18.9
檸檬汁	25	2.9
總和	875	100.0

* 奶油乳酪置於室溫完全退冰備用。

* 無鹽奶油隔水加熱或直接以小火加熱至融化。

分量外食材 /

新鮮藍莓　　　　適量

[餅乾底]

材料	實際用量（g）	實際百分比（%）
蘇打餅乾	150	65.2
糖粉	30	13.0
無鹽奶油	50	21.8
總和	230	100.0

RECIPE / 餅乾底

❶ 蘇打餅乾壓碎
→加入過篩糖
粉，拌勻。

❷ 無鹽奶油煮滾加入→
拌勻→鋪入慕斯框中
→鋪平壓緊→入爐。

上火 160 ℃
下火 160 ℃

❸ 烤至餅乾均勻上色、有香氣→出爐趁熱再壓平→冷卻備用。

RECIPE / 乳酪蛋糕體

❹ 奶油乳酪攪拌至質地均勻，細砂糖＋玉米粉充分混合均勻加入，用刮刀拌至無
乾粉狀態後，以打蛋器稍微打發。

❺ 加入融化的無鹽奶油，攪拌至乳化均勻。

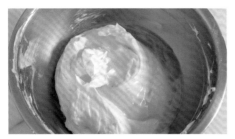

6 全蛋液分 3 次加入，拌至乳化均勻，加入檸檬汁拌勻成乳酪麵糊。

7 將乳酪麵糊倒入餅乾底模具中→抹平→擺上新鮮藍莓粒→入爐。

32L　上火 180℃｜下火 100℃

中層｜不旋風

約烤 65 mins

6 出爐冷卻→脫模即可。

* 烤焙過程若前後兩端上色較深，可用鋁箔紙覆蓋，待中間上色後再將鋁箔紙取下。

NOTE ‖

\# 藍莓粒裝飾在表面後要微微輕壓入麵糊中。

\# 乳酪蛋糕烤焙要足，表面要上色，香氣才會出來，組織也不會過濕。

\# 使用家庭烤箱，當設定溫度上下火差異較大時，要從烤箱完全冷卻時開始預熱，溫度會較正常。

抹茶重乳酪蛋糕

part D

模具尺寸 >>

L 18 * W 18 * H 5 cm 慕斯框
底部用鋁箔紙包起來，放在烤盤上備用

麵糊重量 >>

860 g

INGREDIENTS /

[乳酪蛋糕體]

材料	實際用量（g）	實際百分比（%）
奶油乳酪	500	56.2
細砂糖	130	14.6
抹茶粉	18	2.0
玉米粉	18	2.0
無鹽奶油	28	3.2
全蛋液	165	18.6
鮮奶	30	3.4
總和	889	100.0

＊ 奶油乳酪置於室溫完全退冰備用。

[餅乾底]

材料	實際用量（g）	實際百分比（%）
消化餅	200	80.0
無鹽奶油	50	20.0
總和	250	100.0

NOTE ‖

製作乳酪蛋糕雖然不需特別強調打發度，但麵糊攪拌不足甚至糖未完全溶解，乳酪蛋糕組織會較紮實，表面上色度也會較不均勻，若打太發則會使乳酪蛋糕組織會過於鬆散。

RECIPE / 餅乾底

❶ 消化餅壓碎→無鹽奶油煮滾加
入→拌勻。

❷ 鋪入慕斯框中→鋪平壓緊→入
爐。

 上火 160 ℃
下火 160 ℃

❸ 烤至餅乾均勻上色、有香氣→出爐趁熱再壓平→冷卻備用。

RECIPE / 乳酪蛋糕體

❹ 抹茶粉＋玉米粉過篩並和細砂混合均勻,加入攪拌至質地均勻的奶油乳酪中,
用刮刀拌至無乾粉狀態後,以打蛋器稍微打發。

⑤　加入融化的無鹽奶油，攪拌至乳化均勻。

 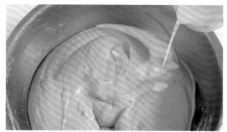

⑥　全蛋液分 3 次加入，拌至乳化均勻，加入鮮奶拌勻，完成乳酪麵糊。

⑦　將乳酪麵糊倒入餅乾底模具中→抹平→入爐。

32L　上火 180℃｜下火 100℃
　　　　中層｜不旋風
　　　　約烤 65 mins

⑥　出爐冷卻→脫模即可。

*　烤焙過程若前後兩端上色較深，可用鋁箔紙覆蓋，待中間上色後再將鋁箔紙取下。

OREO 乳酪蛋糕

模具尺寸 >>

8 吋慕斯框
底部用鋁箔紙包起來，放在烤盤上備用

麵糊重量 >>

810 g

INGREDIENTS /

[乳酪蛋糕體]

材料	實際用量（g）	實際百分比（%）
奶油乳酪	400	48.1
細砂糖	124	14.9
酸奶	100	12.0
全蛋液	208	25.0
總和	832	100.0

* 奶油乳酪置於室溫完全退冰備用。

[OREO 餅乾底]

材料	實際用量（g）	實際百分比（%）
OREO 餅乾碎	200	80.0
無鹽奶油	50	20.0
總和	250	100.0

分量外食材 /

OREO 餅乾碎	適量
OREO 夾心餅乾	適量

* 夾心餅乾去餡備用。

NOTE ||

\# 麵糊攪拌以拌均勻為主，不需特意打發，但要注意細砂糖要攪拌至溶解。

\# 市面可購買到整包 OREO 餅乾碎，餅乾顆粒大小不一，但不需刻意壓碎，吃起來
口感較有層次。

RECIPE / 餅乾底

 上火　150 ℃

下火　150 ℃

約烤　20 mins

❶ 無鹽奶油煮滾，加入 OREO 餅乾碎中充分拌勻→鋪入慕斯框中→壓平→入爐。

❷ 出爐趁熱再壓平→冷卻備用。

RECIPE / 乳酪蛋糕體

❸ 奶油乳酪攪拌至質地柔軟均勻，加入細砂糖拌勻，再加入酸奶拌均勻。

❹ 全蛋液分 3 次加入，拌至乳化均勻。

❺ 完成乳酪麵糊。

6 將乳酪麵糊倒入餅乾底模具中→抹平。

7 表面撒滿 OREO 餅乾碎和整片的 OREO 餅乾→入爐。

上火 160°C｜下火 100°C

中層｜不旋風

約烤 65 mins

8 出爐冷卻→冷藏後脫模即可。

私房點心 / PRIVATE DESSERT

自《餅乾研究室Ⅰ》、《餅乾研究室Ⅱ》，以及這次花費更多時間研究分析出版的《蛋糕結構研究室》，在餅乾與蛋糕之外，在本書的結尾與您分享六款自己很喜歡的點心，希望您們也會喜歡！

p.302.303 　>>　櫻花水信玄餅

p.304.305　>>　胡麻豆腐

櫻花水信玄餅

模具尺寸 >>

直徑 5 cm 水信玄餅冰球模型 ×10 個

單個重量 >>

80 g

INGREDIENTS /

材料	實際用量（g）	實際百分比（%）
水	880	98.8
水信玄餅粉	11	1.2
總和	**891**	**100.0**

分量外食材 /

日本鹽漬櫻花	10 朵
黑糖漿	適量
日本熟黃豆粉	適量

 **NOTE** ‖

\# 若購買不到水信玄餅粉，可以使用透明度較高之果凍粉，先以相同比例製作，但每一種凝固性原料添加比例都不同，水信玄餅凝固後的狀態非常柔軟，化口性非常好，入口的存在感很低，是非常軟的果凍，若使用替代性材料，需要測試添加比例，抓到剛剛好可以凝固的狀態。

RECIPE /

❶ 鹽漬櫻花以冷開水沖洗兩遍，瀝乾水分，放入水信玄餅冰球模型，將模型蓋合備用。

❷ 水煮沸騰，加入水信玄餅粉，以打蛋器快速左右攪拌直到粉末完全溶解。

❸ 將溶液趁熱灌入模型中，待溶液冷卻，將模型開口小洞封蓋起來，放入冷藏冷卻至凝固。

❹ 凝固後取出，打開模型將水信玄餅倒出，淋上黑糖漿，撒上熟黃豆粉即可。

胡麻豆腐

模具尺寸 >>
喜愛的容器

單個重量 >>
依容器大小均分

INGREDIENTS /

材料	實際用量（g）
鮮奶	220
動物性鮮奶油	220
細砂糖	40
原味無糖胡麻醬	60
吉利丁片	5.5
總和	545.5

＊ 吉利丁片泡冰水，軟化後擠乾水分備用。

分量外食材 /

黑糖漿	適量
熟黃豆粉	適量

NOTE ‖

\# 市售的胡麻醬有些質地較粗，顏色較深、較硬，此配方所使用之芝麻醬為白芝麻所製成，質地非常細滑，將其攪拌均勻後具有流動性，若買不到日本進口的白胡麻醬，可在統一生機購得。

RECIPE /

① 鮮奶＋細砂糖煮至沸騰，先舀出約 60g 的滾沸鮮奶加入胡麻醬中，攪拌至芝麻醬滑順。

② 將動物性鮮奶油加入鮮奶鍋中，持續加熱拌勻，再加入擠乾水分的吉利丁片，拌至融勻。

③ 倒入胡麻醬中拌勻，隔水冰鎮至 20℃以下，倒入杯模中，移入冰箱冷藏至凝固，食用前可淋上黑糖漿、撒上熟黃豆粉即可。

p.308.309 >> 蕨餅

p.310.311　>>　鮮果奶酪

蕨餅

模具尺寸 >>

L 16 * W 16 * H 7 cm 正方模

成品重量 >>

700 g

INGREDIENTS /

材料	實際用量（g）
水	400
黑糖	200
蓮藕粉	100
總和	**700**

分量外食材 /

日本熟黃豆粉	適量

 **NOTE** ‖

\# 蕨粉是從蕨類根莖部所取製出來的澱粉，是日本高級製菓食材，市面上很難購買到純蕨粉，一般都有添加其他澱粉或是用葛粉取代製作。雖然配方中沒有使用蕨粉，但使用台南白河所生產的純蓮藕粉，也可製作出美味的蕨餅。

\# 蓮藕粉加入拌勻後開始加熱，只需加熱至麵糊濃稠、糊化、不會分層即可入模。若加熱至麵糊帶有透明度且熟化，倒入模具時就較不易抹平。

\# 蕨餅要一次蒸熟，若取出冷卻後發現沒蒸熟再回蒸，基本上已經不會再熟化了。
（蕨餅只要蒸到整個膨脹，就一定會熟。）

\# 熟黃豆粉建議要食用前再沾裹，因為沾裹後放置時間過久，熟黃豆粉會濕掉，也建議當日食用完畢，冷藏會變硬。

RECIPE /

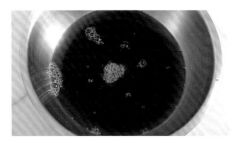

❶ 水＋黑糖攪拌至黑糖融化。

❷ 蓮藕粉加入拌勻。

❸ 以中火邊加熱邊攪拌至糊化。

❹ 倒入模具抹平→放入電鍋蒸至
　透明且膨脹→出爐靜置冷卻。

❺ 脫模切條→沾裹熟黃豆粉→再
　分切成小正方體→再均勻裹上
　熟黃豆粉即可。

鮮果奶酪

模具尺寸 >>	單個重量 >>
喜愛的容器	依容器大小均分

INGREDIENTS /

材料	實際用量（g）
馬斯卡邦乳酪	50
鮮奶	220
動物性鮮奶油	220
細砂糖	25
吉利丁片	5.5
總和	520.5

* 吉利丁片泡冰水，軟化後擠乾水分備用。

分量外食材 /

芒果丁	適量

 **NOTE** ||

\# 動物性鮮奶油若是已開封存放一段時間，建議加熱煮沸後再加入其中。

\# 完成的奶酪液要完全冷卻後才可倒入杯模中，若溫熱倒入，待冷卻後表面會結一層皮。

\# 若奶酪材料有添加香草籽，要冷卻至奶酪液呈濃稠狀，冷卻溫度要更低，香草籽才不會沉底。

RECIPE /

❶　馬斯卡邦乳酪先打軟，先取 1/5 的鮮奶加入拌勻，加入細砂糖拌勻。

❷　其餘鮮奶煮沸，沖入作法 1 中拌勻，加入擠乾水分的吉利丁片，攪拌至融解均勻。

  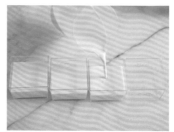

❸　動物性鮮奶油加入拌勻，隔水冰鎮至 20°C以下，倒入杯模中，移入冰箱冷藏至凝固。

❹　待奶酪凝固後，表面擺飾新鮮水果丁搭配食用即可。

蜂巢蛋糕

模具尺寸 >>

圓底直徑 **4.5 cm** ／圓表面直徑 **5 cm**
＊ **H 1.2 cm**，**15** 連矽膠模

麵糊重量 >>

注入模具 **5** 分滿

INGREDIENTS /

材料	實際用量（g）
細砂糖	125
水	50
沸水	100
蜂蜜	75
鮮奶煉乳	185
沙拉油	60
低筋麵粉	105
小蘇打粉	7
全蛋液	125
總和	**832**

 **NOTE** ‖

\# 焦糖沖入沸水後會滾起來，所以第一次沖入的沸水量不要太多，避免溢出鍋外。
　沸水全部沖入後若有凝結之糖塊，以小火煮至完全化開後再進行冷卻。

RECIPE /

❶ 細砂糖＋水以中小火煮至焦糖色，轉小火，將沸水分 3 次沖入，煮至完全融勻→熄火靜置冷卻。

❷ 蜂蜜＋鮮奶煉乳＋沙拉油攪拌均勻，將步驟 1 加入攪拌均勻。

❸ 低筋麵粉＋小蘇打粉過篩加入，拌勻。

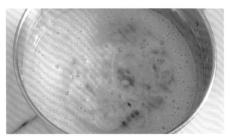

❹　全蛋液加入拌勻，完成麵糊。

上火 200~210℃ ｜ 下火 180℃

中層 ｜ 鐵盤 ｜ 不旋風

約烤 12~13 mins

❺　矽膠模放置鐵盤上，將麵糊擠入約 5 分滿→入爐。

❻　出爐→靜置到完全冷卻→脫模
　　即可。

泡芙

模具尺寸 >>	麵糊重量 >>
不沾烤盤	**40 g**／個

INGREDIENTS /

材料	實際用量（g）	實際百分比（%）
無鹽奶油	125	18.9
水	125	18.9
低筋麵粉	125	18.9
全蛋液	285	43.3
總和	**660**	**100.0**

卡士達鮮奶油餡 /

卡士達粉	**150 g**
鮮奶	**450 g**
打發鮮奶油	適量

＊ 打發鮮奶油作法見 P. 215

NOTE ‖

\# 麵粉加熱程度若不足，加入全蛋液後狀態會較稀軟，如此泡芙在烤焙後狀態會較扁，膨脹不起來。

\# 大部分的泡芙作法會建議麵粉一旦添加入鍋加熱，為避免鍋底焦化，轉小火持續一段時間的加熱攪拌。但本書作法則有些許不同，讓麵粉停在表面，持續中大火沸騰加熱，很快就能達到完成狀態。

\# 泡芙在烤焙的過程中不要開爐門，泡芙會塌陷扁掉。

RECIPE / 卡士達鮮奶油餡

❶ 卡士達粉加入鮮奶持續攪打至均勻滑順（此階段即為卡士達餡），再加入打發鮮奶油＊拌勻即可。

＊ 打發鮮奶油加入的量約為卡士達餡體積的一半，可增添內餡滑順感，依個人喜好決定添加量，讀者也可以直接填入卡士達餡。

RECIPE / 泡芙

❷ 無鹽奶油＋水煮滾，維持在沸騰的狀態將麵粉均勻撒在表面（此時麵粉還未沈入鍋底不用擔心燒焦）；邊維持沸騰，邊將麵粉煮糊化，然後以刮刀將表面的乾粉輕輕撥入液體中。

❸ 盡量不要讓麵粉沈入鍋底，持續沸騰煮到感覺鍋底已變濃稠後再轉小火，持續以打蛋器攪拌加熱至麵糊無乾粉狀態且成團，離火。

❹　將全蛋液分 4 次加入拌勻，完成麵糊。

＊│因為溫度很高，加入蛋時要快速攪拌，避免蛋液熟化，此階段可利用桌上攪拌機，亦可使用手
　│持電動攪拌機加快速度。

❺　擠花袋裝入 1 cm 平口花嘴，填
　　入麵糊，在不沾烤盤上擠出直
　　徑約 5.5 cm 的圓→入爐。

Ⅰ	Ⅱ
上火 200℃ ｜ 下火 200℃	上火 160℃ ｜ 下火 160℃
中層 ｜ 不旋風	中層 ｜ 不旋風
約烤 20 mins	約烤 30 mins

❻　出爐。

＊│泡芙以 42L 烤箱製作單次烘烤量較多，若使用 32L 烤箱則需烘烤 2
　│次，要把麵糊以保鮮膜覆蓋，避免表面風乾結皮。

❼　冷卻後戳洞，將卡士達鮮奶油餡擠入即可。

蛋糕結構研究室：徹底解析五大關鍵材料，掌握柔軟 ×
紮實 × 濕潤 × 蓬鬆終極配方比／林文中著 . -- 初版 . --
臺北市：麥浩斯出版：家庭傳媒城邦分公司發行 , 2020.06
　　面；　公分
ISBN 978-986-408-598-9(平裝)

1. 點心食譜 2. 烹飪

427.16　　　　　　　　　　　　　　　　　109004889

蛋糕結構研究室

徹底解析五大關鍵材料，掌握柔軟×紮實×濕潤×蓬鬆終極配方比

作 者	林文中
美術設計	Zoey Yang
攝 影	璞真奕睿影像工作室
社 長	張淑貞
總編輯	許貝羚
責任編輯	張淳盈
行 銷	陳佳安、蔡瑜珊

發行人	何飛鵬
事業群總經理	李淑霞
出 版	城邦文化事業股份有限公司
	麥浩斯出版
地 址	115 台北市南港區昆陽街 16 號 7 樓
電 話	02-2500-7578
傳 真	02-2500-1915
購書專線	0800-020-299

發 行	英屬蓋曼群島商家庭傳媒股份有限公司	香港發行	城邦〈香港〉出版集團有限公司
	城邦分公司	地 址	香港灣仔駱克道 193 號東超商業中心 1 樓
地 址	115 台北市南港區昆陽街 16 號 5 樓	電 話	852-2508-6231
電 話	02-2500-0888	傳 真	852-2578-9337
讀者服務電話	0800-020-299	Email	hkcite@biznetvigator.com
	（9:30AM~12:00PM；01:30PM~05:00PM）		
讀者服務傳真	02-2517-0999	馬新發行	城邦〈馬新〉出版集團 Cite(M) Sdn Bhd
讀者服務信箱	csc@cite.com.tw	地 址	41, Jalan Radin Anum, Bandar Baru Sri
劃撥帳號	19833516		Petaling,57000 Kuala Lumpur, Malaysia.
戶 名	英屬蓋曼群島商家庭傳媒股份有限公司	電 話	603-9057-8822
	城邦分公司	傳 真	603-9057-6622

製版印刷	凱林印刷事業股份有限公司
總經銷	聯合發行股份有限公司
地 址	新北市新店區寶橋路 235 巷 6 弄 6 號 2 樓
電 話	02-2917-8022
傳 真	02-2915-6275
版 次	初版 9 刷 2024 年 8 月
定 價	新台幣 580 元 / 港幣 193 元